碳中和城市与绿色智慧建筑系列教材

教育部高等学校建筑类专业教学指导委员会规划推荐教材

丛书主编　王建国

碳中和建筑信息模型

Carbon Neutral
Building Information Modeling

孙　澄　韩昀松　刘　京　编著

中国建筑工业出版社

图书在版编目（CIP）数据

碳中和建筑信息模型 = Carbon Neutral Building Information Modeling / 孙澄，韩昀松，刘京编著 .

北京：中国建筑工业出版社，2024.9. --（碳中和城市与绿色智慧建筑系列教材 / 王建国主编）（教育部高等学校建筑类专业教学指导委员会规划推荐教材 / 王建国主编）. -- ISBN 978-7-112-30464-6

Ⅰ . TU201.4

中国国家版本馆 CIP 数据核字第 2024BZ7998 号

策　　划：陈　桦　柏铭泽
责任编辑：王　惠　陈　桦
责任校对：赵　力

碳中和城市与绿色智慧建筑系列教材
教育部高等学校建筑类专业教学指导委员会规划推荐教材
丛书主编　王建国

碳中和建筑信息模型
Carbon Neutral Building Information Modeling
孙　澄　韩昀松　刘　京　编著

＊

中国建筑工业出版社出版、发行（北京海淀三里河路9号）
各地新华书店、建筑书店经销
北京海视强森图文设计有限公司制版
北京中科印刷有限公司印刷

＊

开本：787毫米×1092毫米　1/16　印张：$17\frac{1}{2}$　字数：341千字
2024 年 9 月第一版　2024 年 9 月第一次印刷
定价：59.00元（赠教师课件）
ISBN 978-7-112-30464-6
　　（43807）

《碳中和城市与绿色智慧建筑系列教材》

总序

建筑是全球三大能源消费领域（工业、交通、建筑）之一。建筑从设计、建材、运输、建造到运维全生命周期过程中所涉及的"碳足迹"及其能源消耗是建筑领域碳排放的主要来源，也是城市和建筑碳达峰、碳中和的主要方面。城市和建筑"双碳"目标实现及相关研究由 2030 年的"碳达峰"和 2060 年的"碳中和"两个时间节点约束而成，由"绿色、节能、环保"和"低碳、近零碳、零碳"相互交织、动态耦合的多途径减碳递进与碳中和递归的建筑科学迭代进阶是当下主流的建筑类学科前沿科学研究领域。

本系列教材主要聚焦建筑类学科专业在国家"双碳"目标实施行动中的前沿科技探索、知识体系进阶和教学教案变革的重大战略需求，同时满足教育部碳中和新兴领域系列教材的规划布局和"高阶性、创新性、挑战度"的编写要求。

自第一次工业革命开始至今，人类社会正在经历一个巨量碳排放的时期，碳排放导致的全球气候变暖引发一系列自然灾害和生态失衡等环境问题。早在 20 世纪末，全球社会就意识到了碳排放引发的气候变化对人居环境所造成的巨大影响。联合国政府间气候变化专门委员会（IPCC）自 1990 年始发布五年一次的气候变化报告，相关应对气候变化的《京都议定书》（1997）和《巴黎气候协定》（2015）先后签订。《巴黎气候协定》希望 2100 年全球气温总的温升幅度控制在 1.5℃，极值不超过 2℃。但是，按照现在全球碳排放的情况，那 2100 年全球温升预期是 2.1~3.5℃，所以，必须减碳。

2020 年 9 月 22 日，国家主席习近平在第七十五届联合国大会向国际社会郑重承诺，中国将力争在 2030 年前达到二氧化碳排放峰值，努力争取在 2060 年前实现碳中和。自此，"双碳"目标开始成为我国生态文明建设的首要抓手。党的二十大报告中提出，"积极稳妥推进碳达峰碳中和，立足我国能源资源禀赋，坚持先立后破，有计划分步骤实施碳达峰行动，深入推进能源革命……"，传递了党中央对我国碳达峰、碳中和的最新战略部署。

国务院印发的《2030 年前碳达峰行动方案》提出，将碳达峰贯穿于经济社会发展全过程和各方面，重点实施"碳达峰十大行动"。在"双碳"目标战略时间表的控制下，建筑领域作为三大能源消费领域（工业、交通、建筑）之一，尽早实现碳中和对于"双碳"目标战略路径的整体实现具有重要意义。

为贯彻落实国家"双碳"目标任务和要求，东南大学联合中国建筑出版传媒有限公司，于 2021 年至 2022 年承担了教育部高等教育司新兴领域教材研究与实践项目，就"碳中和城市与绿色智慧建筑"教材建设开展了研究，初步架构了该领域的知识体系，提出了教材体系建设的全新框架和编写思路等成果。2023年3月，教育部办公厅发布《关于组织开展战略性新兴领域"十四五"高等教育教材体系建设工作的通知》（以下简称《通知》），《通知》中明确提出，要充分发挥"新兴领域教材体系建设研究与实践"项目成果作用，以《战略性新兴领域规划教材体系建议目录》为基础，开展专业核心教材建设，并同步开展核心课程、重点实践项目、高水平教学团队建设工作。课题组与教材建设团队代表于2023年4月8日在东南大学召开系列教材的编写启动会议，系列教材主编、中国工程院院士、东南大学建筑学院教授王建国发表系列教材整体编写指导意见；中国工程院院士、西安建筑科技大学教授刘加平和中国工程院院士、清华大学教授庄惟敏分享分册编写成果。编写团队由3位院士领衔，8所高校和3家企业的80余位团队成员参与。

2023年4月，课题团队向教育部正式提交了战略性新兴领域"碳中和城市与绿色智慧建筑系列教材"建设方案，回应国家和社会发展实施碳达峰碳中和战略的重大需求。2023年11月，由东南大学王建国院士牵头的未来产业（碳中和）板块教材建设团队获批教育部战略性新兴领域"十四五"高等教育教材体系建设团队，建议建设系列教材16种，后考虑跨学科和知识体系完整性增加到20种。

本系列教材锚定国家"双碳"目标，面对建筑类学科绿色低碳知识体系更新、迭代、演进的全球趋势，立足前沿引领、知识重构、教研融合、探索开拓的编写定位和思路。教材内容包含了碳中和概念和技术、绿色城市设计、低碳建筑前策划后评估、绿色低碳建筑设计、绿色智慧建筑、国土空间生态资源规划、生态城区与绿色建筑、城镇建筑生态性能改造、城市建筑智慧运维、建筑碳排放计算、建筑性能智能化集成以及健康人居环境等多个专业方向。

教材编写主要立足于以下几点原则：一是根据教育部碳中和新兴领域系列教材的规划布局和"高阶性、创新性、挑战度"的编写要求，立足建筑类专业本科生高年级和研究生整体培养目标，在原有课程知识课堂教授和实验教学基础上，专门突出了碳中和新兴领域学科前沿最新内容；二是注意建筑类专业中"双碳"目标导向的知识体系建构、教授及其与已有建筑类相关课程内容的差异性和相关性；三是突出基本原理讲授，合理安排理论、方法、实验和案例分析的内容;四是强调理论联系实际,强调实践案例和翔实的示范作业介绍。总体力求高瞻远瞩、科学合理、可教可学、简明实用。

本系列教材使用场景主要为高等学校建筑类专业及相关专业的碳中和新兴学科知识传授、课程建设和教研学产融合的实践教学。适用专业主要包括建筑学、城乡规划、风景园林、土木工程、建筑材料、建筑设备,以及城市管理、城市经济、城市地理等。系列教材既可以作为教学主干课使用,也可以作为上述相关专业的教学参考书。

本教材编写工作由国内一流高校和企业的院士、专家学者和教授完成,他们在相关低碳绿色研究、教学和实践方面取得的先期领先成果,是本系列教材得以顺利编写完成的重要保证。作为新兴领域教材的补缺,本系列教材很多内容属于全球和国家双碳研究和实施行动中比较前沿且正在探索的内容,尚处于知识进阶的活跃变动期。因此,系列教材的知识结构和内容安排、知识领域覆盖、全书统稿要求等虽经编写组反复讨论确定,并且在较多学术和教学研讨会上交流,吸收同行专家意见和建议,但编写组水平毕竟有限,编写时间也比较紧,不当之处甚或错误在所难免,望读者给予意见反馈并及时指正,以使本教材有机会在重印时加以纠正。

感谢所有为本系列教材前期研究、编写工作、评议工作、教案提供、课程作业作出贡献的同志以及参考文献作者,特别感谢中国建筑出版传媒有限公司的大力支持,没有大家的共同努力,本系列教材在任务重、要求高、时间紧的情况下按期完成是不可能的。

是为序。

丛书主编、东南大学建筑学院教授、中国工程院院士

前言

自 2020 年我国在第 75 届联合国大会上作出"2030 年碳达峰·2060 年碳中和"的承诺以来，如何推动实现"双碳"目标就成为各行各业持续关注的热点话题。

建筑行业作为我国的支柱产业之一，是实现碳达峰、碳中和目标的关键所在。根据世界绿色建筑委员会（WGBC）2022 年发布的数据，建筑物碳排放量占全球能源相关总碳排放量的 39%，其中运营期碳排放量占全球总碳排放量的 28%，而隐含碳排放量占比为 11%。《中国建筑能耗与碳排放研究报告（2021）》显示，2019 年我国建筑全过程能耗占全国能源消费总量的比例达 46%，CO_2 排放量占全国碳排放量的比重达到 50.6%，因此，建筑行业能否实现碳中和直接影响着"双碳"目标能否实现。

为了实现建筑碳中和，各建筑企业、科技公司以及相关的研究机构做了很多探索，尝试将建筑信息模型（BIM）技术与建筑相结合，开展建筑全生命周期管理，从设计、建造、运行、使用、废弃、回收等各个环节把控能源消耗与碳排放，全面提高建筑的能效水平，推动建筑行业实现绿色化、低碳化、智能化发展。

建筑信息模型技术作为下一代工程项目数字化建设和运维的基础性技术，是未来建筑行业的重要发展趋势之一，其重要性正在日益显现，建筑信息模型的应用和推广给行业发展带来了历史性变革。进入"十三五"以来，我国建筑业相关部门对建筑信息模型应用研究的力度加大，批准设立了一系列产业化应用研究项目，包括"基于 BIM 的预制装配建筑体系应用技术研究"和"绿色施工与智慧建造关键技术研究"等项目。全国已有一大批工程在不同程度上应用了建筑信息模型技术，提高了企业的技术水平和管理能力，取得了较好的经济、环保和社会效益。中华人民共和国住房和城乡建设部（简称"住房城乡建设部"）2011 年发布了《2011—2015 年建筑业信息化发展纲要》；2015 年发布了《关于推进建筑信息模型应用的指导意见》，提出了到 2020 年年末建筑行业甲级勘察、设计单位以及特级、一级房屋建筑工程施工企业应掌握并实现建筑信息模型与企业管理系统和其他信息技术的一体化集成应用等发展目标。在 2022 年 1 月住房城乡建设部印发的《"十四五"建筑业发展规划》中制定的主要任务之一是，加快推进建筑信息模型技术在工程全生命周期的集成应用，健全数据交互和安全标准，强化设计、生产、施工各环节数字化协同，推动工程建设全过程数字化成果交付和应用。教育部在 2018 年 1 月 30 日发布的《普通高等学校本科专业类教学质量国家标准》中，对土木工程、建筑学等建筑类相关专业明确提出将建筑信息模型技术应用列入课程设置要求，这体现了教育部与时俱进、与市场接轨的决心，对高等教育提出了新要求。

本书立足于我国"双碳"目标的政策框架与实践，全面阐述建筑信息模型技术在建筑领域的应用场景与实践路径，全景式展现"双碳"目标下我国建筑领域的数智化变革与升级，深度剖析数字科技时代，我国建筑业实现绿色低碳发展的转型之道，冀望于为我国建筑行业转型升级提供一些有益的思路与方法。

本书主要内容如下：第1~5章主要介绍了碳中和建筑信息模型的概论、理论基础、数据体系、科学方法和技术工具，第6~10章介绍了碳中和建筑信息模型的案例实践，第11~15章阐述了碳中和建筑信息模型对建筑绿色化转型、工业化加速、智慧化升级、碳交易提质以及可持续发展的推动作用。

本书编写人员包括从事教学、科研、实践的教师，具体分工为：第1章，孙澄、张陆琛；第2章，韩昀松、庄典；第3章，刘羿伯；第4章，刘京；第5章，刘京；第6章，郭海博；第7章，郭海博；第8章，王艳敏；第9章，董琪、高亮；第10章，高亮；第11章，刘蕾；第12章，曲大刚、刘蕾；第13章，王艳敏；第14章，张田妹；第15章，杨阳。全书由孙澄、韩昀松进行了统稿。

本书在编写过程中参考了大量宝贵的文献资料，吸取了行业专家的经验，参考和借鉴了有关专业书籍内容和论文。在此，向这部分文献资料的作者表示衷心的感谢！同时，也希望读者能将使用过程中发现的问题和建议及时反馈给我们，以便日臻完善。

本书编写团队

目录

第 1 章

碳中和建筑信息模型概论

随着对全球气候变化问题的关注，碳中和已成为全人类的共同目标，碳中和建筑信息模型作为建筑行业碳排放评估、控制的关键技术工具，已被普遍关注并得到广泛应用。

碳中和建筑信息模型是一种集成了碳排放量评估和控制的建筑信息模型，主要目标是在建筑全生命周期的各个阶段实现碳排放的减少和最终的碳中和，包括了从设计、施工、运行，到最后的拆除和回收的全阶段。建筑信息模型起源于20世纪60年代，进入21世纪后，逐渐应用于建筑碳中和领域，从最初碳足迹计算数据信息辅助，逐渐发展到能够在设计阶段权衡碳排放与成本方案对比、施工阶段评估优化建筑改造更新方案、运营阶段平衡隐含能源和运营能源效益、拆除阶段量化减少拆除废物碳排放。

未来，碳中和建筑信息模型将逐渐发展走向一体化集成式，降低应用成本，提高应用效率，扩大应用范围。同时，结合"工业4.0"云计算、物联网、人工智能等前沿技术优势，碳中和建筑信息模型在建筑全生命周期的各个阶段都将具有广阔的应用前景。本章主要内容及逻辑关系如图1-1所示。

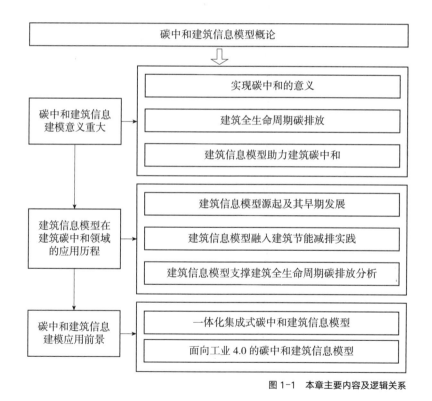

图1-1 本章主要内容及逻辑关系

1.1.1　实现碳中和的意义

人类活动导致的大量温室气体排放是全球气候变化的主要原因，而随之产生的全球温度上升、海平面上升、极端气候事件增多等现象，对人类社会的经济、生态系统，甚至地球生物圈的稳定都带来了巨大挑战。

气候变化是关乎全人类生存的关键问题，且任何一个国家都无法单独应对，全球的碳排放必须得到有效控制，需要全球各国的共同努力和合作。在这样的背景下，为了找到一个全球性的解决方案，联合国于 2015 年在法国巴黎召开了第 21 届气候变化大会（COP21）。在此次大会上，全球 195 个国家达成了《巴黎协定》，这是全球首个全面、具有法律约束力的气候变化协议。《巴黎协定》的长期目标是将全球平均气温较前工业化时期上升幅度控制在 2℃ 以内，并努力将温度上升幅度限制在 1.5℃ 以内[1]。同时，该协定要求各方采取一切可能的措施，以在 21 世纪后半叶实现全球温室气体排放和吸收的平衡，即碳中和（Carbon Neutrality）。碳中和指在规定时期内，CO_2 的人为移除与人为排放相抵消。根据联合国政府间气候变化专门委员会（IPCC）的定义，人为排放指人类活动造成的 CO_2 排放，包括化石燃料燃烧、工业过程、农业及土地利用活动排放等；而人为移除则是人类从大气中移除 CO_2，包括植树造林增加碳吸收、碳捕集等。

面对全球性挑战，以习近平同志为核心的党中央统筹国内国际两个大局，2020 年 9 月 22 日，国家主席习近平在第七十五届联合国大会一般性辩论上的讲话中提出"应对气候变化《巴黎协定》代表了全球绿色低碳转型的大方向，是保护地球家园需要采取的最低限度行动，各国必须迈出决定性步伐。中国将提高国家自主贡献力度，采取更加有力的政策和措施，二氧化碳排放力争于 2030 年前达到峰值，努力争取 2060 年前实现碳中和。"这一重大战略决策是着力解决资源环境约束突出问题、实现中华民族永续发展的必然选择，是构建人类命运共同体的庄严承诺。

1.1.2　建筑全生命周期碳排放

建筑全生命周期碳排放是指建筑作为最终产品，在其完整生命周期内所产生的所有碳排放的总和。这一概念是根据 PAS 2050 和 ISO 14067 等标准提出的，具体而言，建筑全生命周期碳排放包括了以下几个主要阶段：

（1）建筑材料生产及运输阶段：这一阶段涉及建筑材料的生产过程以及从生产地到建筑现场的运输过程中所产生的碳排放。例如，生产水泥、砖块、钢材等建筑材料都会消耗大量能源，同时释放温室气体。

（2）建造施工阶段：在建造过程中，包括挖掘、运输、搭建等活动都会产生碳排放。这些排放来自机械设备的使用、工人的交通以及施工现场的能源消耗等。

（3）建筑运行阶段：建筑在运行过程中消耗能源，如供暖、通风、空调等，同时也会产生相应的碳排放。此外，建筑的维护和管理也会消耗资源和能源，并产生排放。

（4）建筑拆除处置阶段：当建筑物到达寿命终点，需要进行拆除和处置。这一阶段可能涉及废弃物处理、建筑材料的回收利用等过程，这些活动同样会产生碳排放。

国际和国内的统计数据均明确指出，建筑行业在实现碳中和目标中发挥着至关重要的作用。从全球数据上看，根据《2022 全球建筑建造业现状报告》，建筑建造产生的 CO_2 排放量占全球与能源相关的 CO_2 排放总量的 37%，占能源需求的 2% 以上[2]。此外，国际能源署（IEA）的统计数据显示，居民和商用建筑的化石能源使用直接碳排放量占全球碳排放总量的 9%，电力和热力使用间接碳排放量占总量的 19%，建材加工及建筑建造过程的碳排放量占总量的 10%。据《中国建筑能耗与碳排放研究报告（2022）》显示，2020年建筑行业全生命周期碳排放总量为 50.8 亿 tCO_2，占全国碳排放总量比重为 50.9%，其中建材生产和建筑运营阶段，分别占 28% 和 22%，建筑施工阶段占 1%[3]。建筑领域对全球碳排放影响巨大，建筑领域的碳中和对全球碳排放的控制起着关键作用。建筑全生命周期碳排放的核算需要考虑建筑从设计到拆除的整个过程中所涉及的能源消耗、资源利用以及相应的碳排放。通过对建筑全生命周期碳排放的评估，可以为建筑行业碳中和提供重要的数据支持，促进建筑的可持续发展和减少对环境的不良影响。

建筑领域实现碳中和目标的主要途径包括：

（1）绿色建筑设计：运用绿色建筑设计理念，可以减少建筑的能源消耗和碳排放。例如，通过优化建筑设计以提高日光利用率，减少冷暖空调需求，以及采用高效的绝热材料，都可以有效地降低建筑的能源消耗。

（2）采用智能建筑能源管理系统：使用智能建筑能源管理系统可以实时监控和调整建筑的能源使用，进一步提高能源效率并降低碳排放。

（3）建筑规划减少对传统能源依赖：采用可再生能源技术，如太阳能和风能，可以进一步降低建筑的能源消耗。合理规划建筑布局，使建筑能够更好地利用自然光和自然通风，减少对照明和空调等设备的依赖。同时，选择合适的朝向可以最大限度地利用太阳能，提高建筑的能效。

（4）绿色建筑评估和认证：实施绿色建筑评估和认证制度，如中国的《绿色建筑评价标准》GB/T 50378—2019、美国的 LEED、英国的 BREEAM 等，这些评估和认证制度鼓励建筑业采取更环保的设计、施工和运营措施，以实现低碳甚至零碳排放。

1.1.3 建筑信息模型助力建筑碳中和

BIM 源自 Building Information Modeling 的缩写，中文译为建筑信息模型。它是一种基于 3D 模型的技术，能够整合并可视化建筑的各种信息，包括设计、施工、运营等多个阶段的数据。这种技术能够帮助建筑师、工程师、施工人员、设施经理等进行更有效的协同工作，从而提高效率、降低成本，并减少错误。

从建筑行业全生命周期碳排放统计数据来看，实现建筑领域碳中和需要在建材生产、建材运输、建筑施工、建筑运营、建筑拆除等多个阶段考虑降碳。BIM 技术已成为建筑业的主流技术，应用领域几乎覆盖建筑领域全方面、全过程，因而实现建筑领域碳中和目标必然需要与 BIM 技术紧密结合。美国宾夕法尼亚州立大学的 Computer Integrated Construction（CIC）Research Program 编制了一项《BIM 实施指南》（BIM Project Execution Planning Guide，2021 年发布 3.0 版本），对美国建筑市场中 BIM 技术的常见应用进行调查研究，提出了建筑领域过程中 BIM 技术的 25 种常见应用，如图 1-2 所示[4]。

BIM 能够为建设项目的所有利益相关者（设计师、工程师、施工人员、设施经理等）提供一个共享的、可视化的、与项目全生命周期相关的数据集，从而形成一个高效的协作平台。在设计阶段，设计者可以应用 BIM 模拟以分析不同设计方案对建筑能源消耗和碳排放的影响，从而优化设计方案，

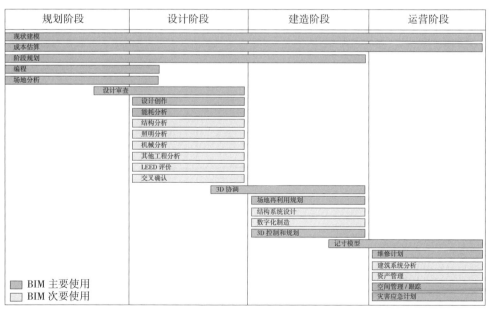

图 1-2　BIM 技术在美国的 25 种常见应用

使其满足效能提高和碳排放降低的目标。同时,建筑工程的多参与方可以在 BIM 平台上进行实时的协作和沟通,确保设计目标的实现;在施工阶段,施工方可以应用 BIM 预测和模拟施工过程中的碳排放情况,包括建筑材料运输碳排放、施工设备运行碳排放等,从而优化施工计划,降低碳排放。施工方和供应商也可以通过 BIM 平台进行有效的协调和沟通,确保施工过程的碳排放控制;在运营阶段,设施经理可以应用 BIM 实时监控和管理建筑的能源使用情况,从而制定节能和减排的目标。设施经理、用户和服务提供商也可以在 BIM 平台上进行协作和信息共享,提高运营效率。

BIM 已成为我国实现建筑领域碳中和的强大推动力,自 20 世纪 90 年代起,我国开始全面推动信息技术在建筑行业的应用,但长期以来,由于信息的孤立性和机构层级的复杂性,信息技术并未实现其最大效能。BIM 技术的出现,特别是近几年来在我国的大力推广和应用,成功打破了这一瓶颈。BIM 技术在我国建筑业将迎来快速发展,特别是在实现建筑领域碳中和的过程中,可以通过 BIM 技术进行更为精确的碳排放评估和管理,推动建筑设计、施工和运营的绿色化,从而推动我国建筑业实现碳中和[5]。

1.2.1　建筑信息模型源起及其早期发展

建筑信息模型概念最早可以追溯到 1962 年，美国人工智能专家 Douglas C.Englebart 在《增强人工智能》（Augmenting Human Intellect）一文中，提出了建筑师可以在计算机中创建建筑三维模型的设想，并提出了基于对象的参数建模、关系型数据库等概念，可以说是现代建筑信息模型技术的雏形[6]。

1975 年，第一个可记录建筑参数数据的软件 BDS（Building Description System）诞生，虽然很少有建筑师使用，但提出了很多在建筑设计中参数建模需要解决的基本问题。在 BDS 基础上，1977 年启动的 GLID（Graphical Language for Interactive Design）项目则展示了现代建筑信息模型平台最主要的特征。

从 20 世纪 80 年代到 21 世纪初，是建筑信息模型技术从探索走向广泛应用的早期发展阶段。学术界关于建筑信息模型研究的不断深入，其中 1988 年斯坦福大学综合设施工程中心的成立是建筑信息模型研究发展进程的一个重要标志，该中心成为发展具有时间属性的"四维"建筑模型的源泉；建筑信息模型国际标准的制定也为其发展奠定了基础，其中影响最大的当数 1995 年确定的建筑产品数据表达与交换的工业基础类数据模型标准（Industry Foundation Classes，IFC）；建筑信息模型相关软件的开发商也在不断努力实践，比如 2002 年美国 Autodesk 公司发布的 Revit 软件，为建筑信息模型技术的宣传与推广奠定了基础[7]。

1.2.2　建筑信息模型融入建筑节能减排实践

随着全球气候变化问题的凸显，建筑业作为重要的碳排放源受到了越来越多的关注。此时，建筑信息模型中的数据被认为可以为计算建筑的碳足迹提供关键信息，尤其是与建筑材料和能源使用相关的数据。进入 21 世纪，美国绿色建筑协会推行的 LEED 体系（Leadership in Energy and Environmental Design）迅速发展并被国际认可，加速了建筑信息模型融入建筑节能减排实践的进程。

在这一时期，建筑信息模型主要应用在建筑绿色性能的评估与设计优化。通过将 BIM 技术与第三方模拟分析软件相结合，设计者能够进行各种能源消耗、热舒适度等方面的计算分析。这些模拟分析结果提供了宝贵的数据支持，帮助设计者评估方案的节能性能，并根据结果进行设计优化。建筑信息模型可以用于模拟建筑在不同季节、不同天气条件下的能源消耗情况，从而帮助设计者优化建筑的供暖、通风、空调等系统设计。此外，BIM 还可以模拟建筑的热传递、采光效果等参数，为设计者提供更准确的数据，以支持他们在设计阶段采取相应的节能措施。

在建筑信息模型嵌入碳中和领域的初始阶段，其主要用于建筑性能评估并为碳排放计算提供关键信息，最终需要通过第三方软件进行计算分析。这一时期的工作流程包括使用专门的建筑信息模型软件（如 Revit）开发和设计建筑信息模型，然后将其重新包装为可以转移到特定软件的分析模型，因而建筑信息之间的传递则成为该阶段面临的主要技术瓶颈。为此，建筑设计公司、软件开发公司以及部分研究学者展开了诸多尝试、探索，如 Autodesk 公司创建了一个被建筑建造领域工作者普遍使用的文件接口 gbXML，该格式文件支持 IES-VE、Autodesk Green Building Studio 等碳计算软件之间建筑数据信息的整合。

同时，在这个阶段，建筑信息模型开始整合更多的环境信息，如建筑材料的全生命周期碳排放，以及建筑运营阶段的能源消耗和碳排放。这使得设计者能够从全生命周期的角度考虑建筑的碳足迹，从而进行更加环保的设计，为碳中和建筑信息模型的快速发展奠定了良好基础。

1.2.3　建筑信息模型支撑建筑全生命周期碳排放分析

2019 年以后，在政策导向和计算机技术发展的双重驱动下，建筑信息模型走向快速发展阶段，支撑起建筑全生命周期碳排放分析。通过 BIM 技术，可以实现对建筑从设计、建造到运行和拆除的整个过程中碳排放的全面监测和管理，为建筑行业的可持续发展提供重要的工具和支持。

在建筑设计阶段，通过使用数据库实施建筑信息模型和全生命周期评估（LCA），设计者可以在早期阶段进行碳排放与建筑成本的权衡，辅助其进行方案决策[8]；在概念设计阶段，通过建筑信息模型和能源建模软件的集成实现了 LEED 认证过程的自动计算，极大地提高了设计反馈效率[9]；同时在建筑信息模型支持下，隐含碳排放（Embodied Carbon）的定量评估优化了建筑要素层级的设计，真正实现了低碳建筑设计理念[10]。

（1）在建筑施工阶段，施工方基于建筑信息模型可以有效地评估建筑在改造更新过程中的碳排放，基于建筑信息模型与能源建模软件的集成，可以确定建筑改造更新的高效益、低能耗策略[11]；此外，考虑材料运输的碳排，基于建筑信息模型和网络地图服务（BIM-WMS）的集成框架，有助于帮助施工方选择建筑材料供应商和规划材料运输路线[12]。

（2）在建筑运行阶段，建筑信息模型驱动的设计过程可以有效地解决隐含能源和运营能源之间的权衡[13]。此外，在项目的运行阶段，设施经理可以使用建筑信息模型来协助提高能源效率，这有助于弥合建筑物的预测能耗和实际能耗之间的差距，从而有助于减少建筑物的碳足迹。

（3）在建筑拆除阶段，由于建筑和拆除废物（CDW）报废处理过程是温室气体排放的来源，因此基于建筑信息模型的 CDW 温室气体排放量量化可以帮助制定有针对性的温室气体减排措施[14]；此外，建筑信息模型的应用可以提高 CDW 的可再生利用率，以实现可持续的废物管理[15]。

1.3.1　一体化集成式碳中和建筑信息模型

当前，碳中和建筑信息模型工具尚处于发展阶段，其功能和应用范围存在一定的局限性，无法全面覆盖建筑的全生命周期和全要素整合，且在数据交互方面面临诸多挑战。这些工具在软件的可用性、模型的复杂性以及模型间的交互性方面缺乏实际操作的便捷性，导致使用者需要投入大量的时间和精力进行学习和掌握，从而增加了初始的学习成本。投资成本的提高进一步加剧了这一问题，使得建筑行业的多参与方在进行碳排放预测时遭遇阻碍，难以有效评估和优化建筑的性能。

展望未来，碳中和建筑信息模型将朝着高度集成化的方向迈进，逐步形成一体化集成式碳中和建筑信息模型。这一新型模型将具备强大的功能和优势，能够全面支撑设计者分析不同建筑构件和施工方法在建筑全生命周期中的碳排放情况，为建筑设计提供科学依据。同时，它将进一步扩大建筑信息模型与绿色建筑评价标准等信息之间的对照和交互能力，实现不同系统之间的无缝连接和数据共享，满足建筑工程多方参与者在建筑全生命周期内的数据交互需求，提升建筑工程的协同效率和管理水平。此外，一体化集成式碳中和建筑信息模型还将建立资源共享的统一化数据库体系，打破信息孤岛，实现数据的集中存储和高效管理。未来，该模型将进一步基于数据库中的海量数据，运用先进的人工智能技术和深度学习算法，对数据进行挖掘和分析，为设计者提供精准的碳排放预测和优化建议。这将有助于设计者制定更加科学合理的建筑设计决策，推动建筑行业的碳中和性能不断提升，为实现可持续发展目标做出积极贡献。

1.3.2　面向工业 4.0 的碳中和建筑信息模型

随着工业 4.0 时代的到来，物联网、云计算、数字孪生等前沿技术取得了显著的发展与突破，为碳中和建筑信息模型进一步深度融合物理世界与数字世界奠定了坚实的技术基础。面向工业 4.0 的碳中和建筑信息模型，不仅能为设计、施工、运营等全过程中的信息交互提供强有力的支撑，还能借助智能化和自动化的手段，对建筑工程中的资源配置进行优化，从而大幅提升建筑工程的效率和精确度。这一模型的应用，将为建筑全生命周期的可维护性管理带来前所未有的潜力，使得建筑工程的每一个环节都能得到更加精细和高效的管理。

该模型通过全信息流的实时监控和数据分析，能够实现建筑全生命周期中碳中和信息的闭环管理，能耗、碳排放等关键指标都能得到实时地跟踪与优化调整，为建筑工程的绿色低碳发展提供了有力的数据支持。通过整合物联网、云计算、大数据等多种新兴技术，碳中和建筑信息模型能够为建筑工程的多参与方提取出高价值的信息，进而提升决策的效率和精准度，实现高质量的碳中和建筑信息管理与应用。

1.4.1 本章难点总结

1. 了解碳中和建筑信息建模对于实现碳中和目标的关键作用。

2. 厘清建筑信息模型在碳中和领域应用的发展脉络。

3. 明晰碳中和建筑信息建模未来发展趋势和应用前景。

4. 了解碳中和建筑信息建模的前沿技术，并进一步了解建筑全生命周期各个阶段建筑信息模型的广泛应用。

1.4.2 思考题

请阐述现阶段碳中和建筑信息建模技术发展瓶颈难题，并结合我国社会经济情况简述碳中和建筑信息建模的应用前景。

第 2 章

碳中和建筑信息建模理论基础

碳中和建筑信息建模的理论基础包含人居环境系统观、复杂性科学理论、数字孪生技术理论三部分。本章首先引用吴良镛先生建立的人居环境科学理论体系，展示了人居环境五大系统与五大层次，使读者对人居环境整体架构有了初步的认识，并使用系统思想看待气候与碳排放问题。进一步地，人居环境系统的复杂性，使得我们可以使用复杂性科学理论方法以解决人居环境科学问题。因此本章通过引用钱学森先生的"开放的复杂巨系统"定义，将复杂系统与人居环境相关联，并进一步引出复杂性科学研究方法中的建模方法，解决以建筑碳排放问题为代表的人居环境科学问题。最后，介绍了数字孪生技术理论，对数字孪生基础概念以及数字孪生支撑建筑全生命周期信息建模进行梳理本章主要内容及逻辑关系如图 2-1 所示。

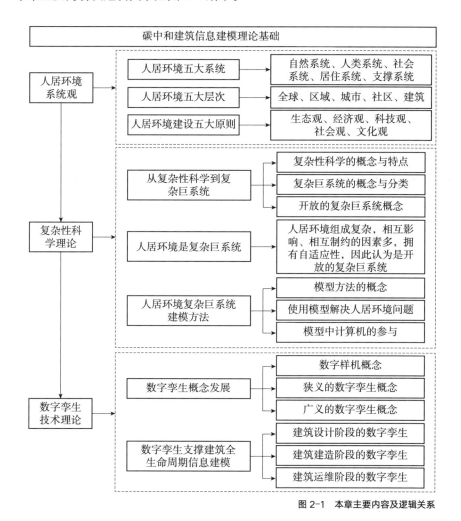

图 2-1　本章主要内容及逻辑关系

人居环境是人类聚居生活的地方，是与人类生存活动密切相关的地表空间，它是人类在大自然中赖以生存的基地，是人类利用自然、改造自然的主要场所。按照对人类生存活动的功能作用和影响程度的高低，在空间上，人居环境又可以分为生态绿地系统与人工建筑系统两大部分。

人居环境科学是围绕地区的开发、城乡发展及其诸多问题进行研究的学科群，它是联贯一切与人类居住环境的形成与发展有关的学科，包括自然科学、技术科学与人文科学的新的学科体系，其涉及领域广泛，是多学科的结合，其研究对象即是人居环境。

2.1.1　人居环境五大系统

就内容而言，人居环境包括五大系统，分别是自然系统、人类系统、居住系统、社会系统、支撑系统，每个系统内又可分解为若干子系统。在上述五大系统中，"人类系统"与"自然系统"是两个基本系统，"居住系统"与"支撑系统"则是人工创造与建设的结果。在人与自然的关系中，和谐与矛盾共生，人类必须与自然和平共处，保护和利用自然，妥善地解决矛盾，即必须坚持可持续发展。

（1）自然系统　自然系统指气候、水、土地、植物、动物、地理、地形、环境分析、资源、土地利用等。整体自然环境和生态环境，是聚居产生并发挥其功能的基础。自然资源，特别是不可再生资源，具有不可替代性；自然环境变化具有不可逆性和不可弥补性。自然系统侧重于与人居环境有关的自然系统的机制、运行原理及理论和实践分析。在全球城市人口比例迅速增加的同时，我们应当更加重视严峻的地球生态环境问题。

（2）人类系统　人是自然界的改造者，又是人类社会的创造者。人类系统主要指作为个体的聚居者，侧重于对物质的需求与人的生理心理、行为等有关的机制及原理、理论的分析。

（3）社会系统　人居环境是"人"与"人"共处的居住环境，既是人类聚居的地域，又是人群活动的场所，社会就是人们在相互交往和共同活动的过程中形成的相互关系的总和。人居环境的社会系统主要是指公共管理和法律、社会关系、人口趋势、文化特征、社会分化、经济发展、健康和福利等，涉及由人群组成的社会团体相互交往的体系，包括由不同的地方、阶层、社会关系等的人群组成的系统及有关的机制、原理、理论和分析。各种人居环境的规划建设，必须关心人和他们的活动，这是人居环境科学的出发点和最终归属。

（4）居住系统　居住系统主要指住宅、社区设施、城市中心等。城市被视为公共的场所，也是一个生活的地方。由于城市是公民共同生活和活动的场所，所以人居环境研究的一个战略性问题就是如何安排公共空间和所有其他非建筑物以及类似用途的空间。

（5）支撑系统 支撑系统主要指人类住区的基础设施，包括公共服务设施系统——水、能源和废物处理；交通系统——公路、铁路、航空；以及通信系统、计算机信息系统等。支撑系统是指为人类活动提供支持的所有人工和自然的联系系统、技术支持保障系统，以及经济、法律、教育和行政体系等。它对其他系统和层次的影响巨大，包括建筑业的发展与形式的改变等。

2.1.2 人居环境五大层次

就级别而言，人居环境包括五大层次。人居环境的层次观是一个重大的问题，人居环境不同层次不仅在于居民量的不同，还带来了内容与质的变化。

（1）全球 在研究人居环境的过程中，必须着眼于全球的环境与发展，特别要把眼光放在直接影响全球的共同重大问题上，如考虑人类共同面临的全球气候变暖、温室效应、能源和水资源短缺、热带雨林的破坏、环境污染、土地沙漠化、生物多样性的丧失等问题。对此我们应该予以足够的关注，要以全球的视野，分析研究跨国、跨地区的城市发展动态。

（2）区域 我国幅员辽阔，各地具体的自然条件千差万别，如山地与平原、干旱与湿润、温暖与寒冷等，历史文化背景、经济发展水平、当前的建设情况等也不一样，因此人居环境发展也有着明显的不平衡性，特别是东部发达的沿海地区与中西部不发达的内陆地区，相应地，人居环境研究中的区域视野也愈显重要。

（3）城市 在人居环境建设中，城市这一层次涉及的问题很多，也最为集中，其中主要的方面有：①土地利用与生态环境保护，这是最核心的部分。②支撑系统，如能源、交通、通信等基础设施。③各类建筑群的组织。要充分重视公共建筑与住宅居住区的规划建设，特别是要把住房放到首要的位置，不断改善住区环境是城市社会稳定的基础。④环境保护。对环境污染与自然灾害、人为灾害必须有切实的防护措施，提高密集城市的环境质量，使之成为健康的城市。⑤城市环境艺术，一个良好的城市并不是建筑物、构筑物的堆积，而是舒适、宜人的环境。

（4）社区 社区作为城市与建筑之间一个重要的中间层，就城市结构系统而言，可称分区、片区；就社会组织而言，可称社区、邻里；就城乡关系而言，可指小城镇、村镇等。《联合国人居中心社区发展方案》指出，社区的作用包括创造就业机会、建造住宅、增强环境意识和进行环境管理等。

（5）建筑　自古以来，建筑就是为了"遮风雨""避寒暑"而建造的庇护所，以此为基础，加以技术和艺术的创造，便发展出了建筑学，既包括物质内容，也包含有精神内容，反映了人类文明的进步。建筑的发展是建立在人类生产力和技术发展的基础上的。应全面地看待建筑在国家发展、社会进步、科学发展与广大人民生活环境的提高以及与文化艺术发展的关系。

上述各方面要作为一个整体来考虑，协调一致，达到共同的目标：不断提高人们的生活水平，包括物质的和精神的需要。

2.1.3　人居环境建设五大原则

人居环境建设的五大原则包括：生态观、经济观、科技观、社会观、文化观。

（1）生态观：正视生态的困境，增强生态意识　①以生态发展为基础，加强社会、经济、环境与文化的整体协调。②加强区域、城乡发展的整体协调，维持区域范围内的生态完整性。③促进土地利用综合规划，形成土地利用的空间体系，制定分区系统以调节和限制建设、旅游等活动，防止自然敏感地区以及物种富集地区等由于外围污染带来的生态退化，应提供必需的对缓冲区和景观水平的保护，确保开发的持续性和保护的有效性。④建立区域空间协调发展的规划机制与管理机制，加强法制意识及普及教育，加强当地人民的参与，从整体协调中取得城乡的可持续发展。⑤提倡生态建筑，尽量减少建设活动对自然界产生的不良影响。

（2）经济观：人居环境建设与经济发展良性互动　①决策科学化，做好任务研究和策划，更好地按科学规律、经济规律办事，以节约人力、财力和物力。②要确定建设的经济时空观，即在浩大的建设活动中，要综合分析成本与效益，必须立足于现实的可能条件，在各个环节上最大限度地提高系统生产力。③要节约各种资源，减少浪费。资源短缺是制约我们开展人居环境建设的客观条件，因此，必须努力节约各种资源、减少浪费，以实现经济、人居环境建设的可持续发展。

（3）科技观：发展科学技术，推动经济发展和社会繁荣　①由于地区的差异、社会经济发展的不平衡、技术发展层次不同，我们必须保持生活方式的多样化，因为这是人类的财富。就世界与地区范围而言，人居环境建设业不可能因新技术的兴起，就立即另起炉灶、全然改观。②实际中总是要根据现实的需要与可能，积极地在运用新兴技术的同时，融汇多层次技术，推进设计理念、方法和形象的创造。

（4）社会观：关怀广大人民群众，重视社会发展整体效益　①住宅问题是社会问题的表现形式之一，也是建筑师应履行其重大社会职责之所在，理当推动"人人拥有适宜的住房"的贯彻与实施，以提高住宅建设质量。面对如此巨大的使用量，建筑学迫切需要进一步全面的发展。②建设良好的居住环境，应为幼儿、青少年、成年人、老年人、残疾者备有多种多样的不同需要的室内外生活和游憩空间；应加强防灾规划与管理，减少人民生命财产的损失，发扬以社会和谐为目的的人本主义精神。③重视社会发展。开展"社区"研究，进行社区建设，发扬自下而上的创造力。④合理组建人居社会，促进包括家庭内部、不同家庭之间、不同年龄之间、不同阶层之间、本地居民和外来者之间以至整个社会的和谐幸福。

（5）文化观：科学追求与艺术创造相结合　①发挥各地区建筑文化的独创性，融合创新，建设富有健康、积极、深厚的文化内涵的居住地。这就要求做到：一方面，通中外之变。全球化是人类诸多活动的必然趋势，中国文化与世界文化的交流与结合势必影响到人居环境中人文内涵的拓展，因此要积极推动、沟通东西方文化的交流。另一方面，通古今之变。中国历史悠久，人们居住之地常常具有深厚的文化历史传统，这是今日人居环境建设的宝贵资源，应当研究历史，发挥东方城市规划理念与人居文化的独创性，继往开来，融合创新。②科学追求与艺术创造相结合。福楼拜讲："越往前进，艺术越要科学化，同时科学也要艺术化；两者在塔底分手，在塔顶汇合。"科学追求与艺术创造殊途同归，理性的分析与诗人的想象相结合，其目的都在于提高生活环境的质量，给人类社会以生活情趣和秩序感，而这正是人类在地球上得以生存的一个基本条件。

人居环境科学的问题是一个复杂的系统，吴良镛先生用"复杂的开放巨系统"来描述人居环境科学，本章介绍复杂性科学的基础理论，以建立人居环境问题与复杂性科学问题之间的关联。

2.2.1 从复杂性科学到复杂巨系统

兴起于 20 世纪 80 年代的复杂性研究或复杂性科学，是系统科学发展的新阶段，也是当代科学发展的前沿学科之一。复杂性科学是指以复杂性系统为研究对象，以超越还原论为方法论特征，以揭示和解释复杂系统运行规律为主要任务，以提高人们认识世界、探究世界和改造世界的能力为主要目的的一种"学科互涉"（inter-disciplinary）的新兴科学研究形态。尽管目前它仍处于萌芽和发展形成阶段，但已引起了科学界的广泛重视。复杂性科学具有以下一些特点：①它只能通过研究方法论来界定其量尺和框架。通过研究方法论来界定或定义复杂性科学及其研究对象，是复杂性科学的重要特征。②它不是一门具体的学科，而是分散在许多学科中，是学科互涉的，从传统的分类学科到现在的交叉学科，甚至很难说清它的边界所在。③它要力图打破传统学科之间互不往来的界限，寻找各学科之间的相互联系、相互合作的统一机制。

人们把复杂性科学的研究对象定义为复杂系统。我国著名科学家钱学森也是从对系统的再分类开始他的复杂性科学研究的，并且认为复杂性科学的对象是开放的复杂巨系统。

钱学森认为[①]，根据组成子系统以及子系统种类的多少和它们之间的关联关系的复杂程度，可把系统分为简单系统和巨系统两大类。

简单系统是指组成系统的子系统比较少，它们之间的关系比较单纯。

若子系统数量非常大（如成千上万、上百亿万亿）则称为巨系统。若巨系统中的子系统种类不太多（几种、几十种），且它们之间关联关系又比较简单，就称作简单巨系统，如激光系统。研究处理这类系统由于子系统众多，无法一一准确描述每一个子系统的运动，但由于子系统之间关系简单，因此可以略去细节，用统计力学方法和热力学方法来研究。

如果子系统种类很多并且有层次结构，它们之间关联关系又很复杂，这就是复杂巨系统。如果这个系统又是开放的，就称为开放的复杂巨系统。例如，生物体系统、人脑系统、人体系统、地理系统（包括生态系统）、社会系统、星系系统等，它们又有包含嵌套的关系。这些系统在结构、功能、

---

① 钱学森. 论系统工程（新世纪版）[M]. 上海：上海交通大学出版社，2007.

行为和演化方面都很复杂，以至于到今天还有大量的问题我们并不清楚。如果系统中还有人的参与，具有学习和适应能力，就是社会系统，钱学森认为这样的系统是特殊的复杂巨系统。对于开放的复杂巨系统，子系统之间的非线性相互作用异常复杂，关联方式具有非线性、不确定性、模糊性和动态性等；系统还具有时间、空间等复杂的层次结构，层次之间彼此嵌套，相互影响；系统与环境还有相互作用，系统具有主动性、适应性和进化性等。

2.2.2　人居环境是复杂巨系统

开放的复杂巨系统概念强调了系统组成之巨大、系统组成之间的相互作用之复杂、系统与外界联系之广泛等。我们认为人居环境也是和人体、社会等系统一样，其组成十分复杂庞大，相互影响、相互制约的因素很多，因此人居环境营建一直都是十分困难的问题。第二，开放的复杂巨系统及方法论是系统学的"骨干"，其他系统方法则是适合不同特殊条件的特例，是"分支"。也就是说，不是从提高简单系统、大系统、简单巨系统来建立开放的复杂巨系统理论，而是从复杂巨系统按层级的特例来分化出其他系统理论。人居环境科学的酝酿也是如此。因此，我们认为人居环境属于复杂巨系统。

从人居环境系统自适应性方面来说，无论是大自然还是人类，其组成要素之间永不休止地进行这样或那样的自发的相互作用，这一点在人居环境发展上尤为明显。例如，城市在规划建设发展的同时也在适宜的情况下自发形成，这种自发形成的城市就是自组织、自适应的结果。实际上，在城市发展中，即便是经规划而建设、发展的城市，也同样存在自组织、自适应的现象。正因为如此，近代城市设计思想中亦有"自觉"的设计与"不自觉"的设计之别。

视人居环境为复杂巨系统是非常重要的。人居环境的自适应发展，在很大程度上是因为人们基于切身的生活需要，有其自身的合理性，又由于广大市民或业主本人并非建筑出身，所以极易受已盖好的建筑的吸引，具有模仿性，因此，出现"没有建筑师的建筑""乡土建筑""历史的城市"等，它们源于生活，建设中受人力、财力、物力及具体条件的限制，反而更能切合实际。我们常常看到，一些传统村落、小城镇，尽管并未经过规划，但千姿百态，魅力无穷。上述发展态势均符合复杂巨系统的适应性与复杂性特征。

综上所述，人居环境系统观形成了五大原则、五大系统、五大层次，作为认识人居环境系统方法的思维框架，现在指出要有意识地将要解决的问题、涉及相关学科、有关专家掌握的专业知识和经验以及文献数据、资料方面进行结合，综合集成，定性与定量相结合，以求在开放的复杂巨系统的整体认识下进行求解。我们一般学习和认识事物是由简到繁，但随着知识面的扩展、阅历的提升、经验的积累就有可能在不断发展变化中抓住主要矛盾，理出关键的问题。有了从复杂的巨系统中处理问题的经验，就有了驾驭全局的能力。因此人居环境思想和方法，不是认识的简单叠加，而是对开放的、复杂的巨系统方法论的掌握。

2.2.3　人居环境复杂巨系统建模方法

构建模型，是人类在认识世界和改造世界的实践过程中的一大创造，也是科学研究最常用的方法。人类在制作和运用模型的悠久历史中，积累了很丰富的经验，逐渐形成了具有普遍性的建模方法，因此，建模方法成为解决复杂系统问题的经典方法，也是解决人居环境系统问题的重要手段。

在复杂系统问题中，给对象实体以必要的简化，用适当的表现形式或规则把它的主要特征描绘出来，这样得到的模仿品称为模型，对象实体称为原型。模型可能会很小，如古埃及人建立的精美的动物和船的缩微模型，它们的原型也可能很大，像古代独石柱巨大的固定排列那样，能够作为时间流逝的模型。显然，模型并不是日常某种普遍行为的一部分，它主要来自某项工作的应用。模型的重要价值，就在于我们可以不必进行费时费力、而且可能有危险的公开实践，就可以预测到结果。即使是那些比例模型（轮船模型、飞机模型、铁路模型等）也将会使我们得到一些定量的数据，但要得到真正物体相应的度量值是十分困难的。同样地，我们也将通过建立人居环境多尺度模型的方法来对特定人居环境问题加以定量分析，并得到预测结果。

模型的广泛使用在人居环境这一复杂系统研究中发挥着关键作用。建立一个模型需要将建模对象和那些与它有着不太明显的相似性的事物联系起来：牛顿方程只不过是写在纸上的一些符号，看起来一点也不像围绕太阳转动的行星轨道。然而，它们作为一种模型所描述的现实的物质空间，是太阳系的比例模型所不能描述的。现在我们更进了一步，通过编制软件程序，可以为现实或想象的情况构建模型，使预测和预报成为可能。也就是说，构建模型是为了研究原型，客观性、有效性是对建模的首要要求，反映原型本质特性的一切信息必须在模型中表现出来，通过模型研究能够把握原型的主要特性。因此针对人居环境问题，也需通过对问题影响因素的精准建模，以反映人居环境内部多因素作用机制，从而实现对于人居环境的预测和把握。

由于人居环境科学的研究对象是各种异常复杂的环境交互现象，如果没有计算机的参与，复杂系统这个黑箱是难以打开的。因此在人居环境科学中，计算机模型具有特别重要的地位。为了在计算机上实现模型建构，我们首先要定出模型主要的组成部分，然后在计算机中实现子程序的一系列指令。最后，在计算机中将这些子程序根据相互作用方式组合起来产生一个完整的程序。新产生的程序就定义了这个模型，其结果就是决定模型行为的那些规则通过计算机得到了实现。

作为模型方法在新时代下的衍生产物，数字孪生技术已经成为多个现实复杂问题的最佳解决方案。本节对数字孪生技术理论做基本介绍，以逐步明晰新时代工程实践问题的模型解决方案，并进一步与碳中和建筑信息建模技术衔接。

2.3.1　数字孪生概念发展

随着云计算、物联网、大数据等互联网技术（Internet Technology，IT）以及人工智能等技术的持续发展和深化应用，各行各业加快进入数字化转型阶段。数字化转型通过数字技术与工业技术的融合来推动产品设计、工艺、制造、测试、交付、运维全环节的产品研制创新，通过数字技术与管理技术的融合来推动计划、进度、经费、合同、人员、财务、资源、交付、服务和市场全链条的企业管理创新。数字孪生概念在发展历程中随着认识深化经历了三个主要阶段。

（1）数字样机概念　数字样机是数字孪生的最初形态，是对机械产品整机或具有独立功能的子系统的数字化描述。通过这种描述反映产品对象的几何属性，以及产品的功能和性能特性。在产业实践中，数字样机在设计阶段被称为数字化产品定义（DPD），通过 DPD 来表达产品的设计信息，构建表征物理客体的数字化模型。此时的 DPD 因限定于产品定义阶段，所以对物理客体的全生命周期信息表达不全面，尤其是制造阶段和服务阶段的定义表达与应用管理问题突出。

（2）狭义的数字孪生概念　因 DPD 存在对产品全生命周期信息表述不全面的问题，美国密歇根大学的 Michael Grieves 教授于 2003 年提出数字孪生的概念。此时的数字孪生统称为狭义数字孪生，其定义对象就是产品及产品全生命周期的数字化，数字孪生是对实体对象或过程的数字化表征。在定义内容方面，从产品的设计阶段扩展到产品全生命周期。通过数字样机的概念延伸和扩展，实现对物理产品全生命周期信息的数字化描述，并有效管控产品全生命周期的数据信息。

（3）广义的数字孪生概念　广义的数字孪生在定义对象方面进行了较大延伸，从产品扩展到产品之外的更广泛领域。数字孪生是以数字化方式创建物理实体的虚拟模型，借助数据模拟物理实体在现实环境中的行为，通过虚实交互反馈数据融合分析、决策迭代优化等手段，为物理实体增加或扩展新的能力。数字孪生在面向产品全生命周期过程中，作为一种充分利用数据、模型、智能并集成多学科的技术，发挥着连接物理世界、信息世界的桥梁和纽带的作用，可以提供更加实时、高效、智能的服务。

2.3.2 数字孪生支撑建筑全生命周期信息建模

数字孪生技术贯穿了产品生命周期中的不同阶段，它与建筑全生命周期管理的理念是不谋而合的。建筑全生命周期，就是指从建筑项目的需求策划开始，直至建筑拆除的全过程。可以说，数字孪生技术的发展将产品的全生命周期管理理念，从技术层面上真正扩展到建筑工程的全过程。下面对建筑全生命周期中几个典型阶段的数字孪生过程进行解释。

（1）建筑设计阶段的数字孪生　在建筑设计阶段，利用数字孪生可以提高设计的准确性，并验证建筑在真实环境中的性能。这个阶段的数字孪生，主要包括以下功能：①数字模型设计：使用建模工具开发出满足项目方案精细程度的建筑信息模型，精确地记录包括建筑形态、围护结构、室内家具、设备系统等组成部分的几何参数、性能参数、产品信息等，并以可视化的方式展示。②模拟和仿真：通过一系列可重复、可变参数、可加速的仿真试验，来模拟验证建筑在不同方案与外部条件下的性能和表现，即在设计阶段就可以预知真实建筑方案的结构性能、环境性能、经济性能等。

（2）建筑建造阶段的数字孪生　在建筑建造阶段，利用数字孪生可以加快建筑构配件的生产效率、提高建筑建造质量、降低建筑建造成本、提升建筑工程交付速度。建筑建造阶段的数字孪生是一个高度协同的过程，通过数字化手段构建起来的虚拟生产线，将建筑本身的数字孪生同生产设备、生产过程等其他形态的数字孪生高度集成起来，并在现场施工过程中紧密协作实现智慧化：①生产过程仿真：在建筑构配件生产之前，通过虚拟生产的方式来模拟不同构件在不同参数、不同外部条件下的生产过程，实现对产能、效率以及可能出现的生产瓶颈等问题的提前预判，提升建筑构件生产效率。②智慧化工地：将建造阶段的各种要素，如原材料、设备、工艺和工序等，通过数字化的手段集成在紧密协作的建造过程中，并根据既定的规则，自动完成在不同条件组合下的建造过程，实现自动化的建筑装配；同时记录建造过程中的各类数据，为后续的分析和优化提供依据。③关键指标监控和过程能力评估：通过采集建造过程中的各种设备的实时运行数据，实现全部建造过程的可视化监控，并且通过经验或者机器学习建立监控策略，对出现违背策略的异常情况及时处理和调整。

（3）建筑运维阶段的数字孪生　物联网技术的成熟和传感器成本的下降，可以支撑建筑运维阶段使用传感器持续采集建筑运行状态和所在环境参数，并通过数据分析和优化来预测和规避建筑运行中的各类问题，同时动态地改善使用者空间体验。这个阶段的数字孪生，可以实现如下的功能：①远程监控和风险预测：通过读取建筑环境中安装的多种传感器或者控制系统的各种实时参数，构建可视化的远程监控系统，并结合采集的历史数据构建层次化的建筑构配件、建筑空间乃至整个建筑的运行状态评价体系，并使用人工智能实现趋势预测；然后基于预测的结果对建筑结构维护以及建筑系统管理策略进行优化，并实现对各类风险的提前预测和智能诊断。②优化使用者的环境体验：建筑环境的营造往往通过多种主动式与被动式策略混合应用加以控制，通过在建筑内外部环境中安装丰富的环境传感器，可实现针对动态变化的室内外环境参数，灵活调整暖通系统等建筑环境控制系统运行参数，从而实现对于室内使用人员舒适度的持续提升。③建筑使用者的反馈信息收集：通过持续收集建筑环境使用者对于所在建筑环境的观点，可以充分地了解其对于建筑空间的需求，以持续优化建筑环境营造策略。

2.4.1　本章难点总结

　　本章主要介绍了碳中和建筑信息建模的理论基础知识，包括人居环境系统观、复杂性科学理论、数字孪生技术理论三部分内容。碳中和问题在本质上是人居环境科学问题，因此明确人居环境系统观，并依据系统观点来看待碳中和问题是第一步。在此基础上，人居环境的复杂性将碳中和问题导向复杂性科学，具体来说是"复杂的开放巨系统"问题，建立这种关联后即可使用复杂性科学中的模型方法解决碳中和问题。最终，作为模型方法在新时代下的新形态，数字孪生技术及其在建筑全生命周期中的应用是本章的重点内容，也与碳中和建筑信息建模关系最为紧密。碳中和建筑信息建模本质上就是对于建筑碳排放全场景、全建设阶段、全参与方的数字孪生过程。

2.4.2　思考题

　　1. 人居环境包括哪些系统？

　　2. 人居环境建设原则包括哪些？

　　3. 吴良镛先生将人居环境科学比作何种复杂系统？

　　4. 数字孪生概念的发展经历了哪几个阶段？

　　5. 使用模型方法解决人居环境科学问题的优势有哪些？

　　6. 数字孪生的概念如何与当前飞速发展的数字技术相结合？

第 3 章

碳中和建筑信息建模数据体系

为实现建筑全生命周期的信息共享和决策支持，推动建筑行业向碳中和目标迈进，建立准确完善的碳中和建筑信息建模数据体系显得尤为关键。本章详细介绍了建模数据体系的类型、特征以及国内外主要数据体系。本章主要内容及逻辑关系如图 3-1 所示。

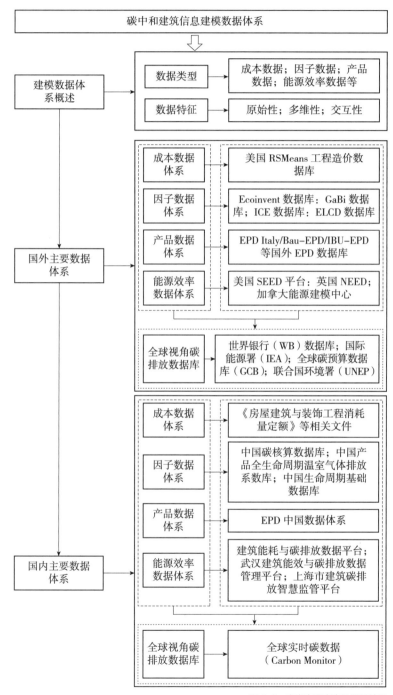

图 3-1　本章主要内容及逻辑关系

本节对建筑信息建模数据体系进行概述。目前建筑信息建模技术在建筑市场应用得日趋成熟，此项技术在建筑全生命周期碳排放计算的重要性和可行性日益增长，基于此，建立建筑信息模型数据变得十分必要。因此，本节首先详细解析了建筑信息模型所涉及的数据类型，接下来分析建筑信息模型数据的特征。

3.1.1　建筑信息模型数据类型

建筑信息建模技术，通过建筑信息模型对建筑全生命周期各阶段的能源、材料等数据和信息进行整合、计算和管理，建筑信息模型应以数据为基础，集成碳排放计算各项参数，通过信息技术的应用准确预测建筑碳排放量，评估建筑方案，模拟建筑性能，实施经济评估，实现建筑全生命周期信息共享，为决策提供可靠依据，进而达到碳中和。

近年来，建筑信息建模技术蓬勃发展，创建了越来越强大的城市数据流，从地理信息系统、CityGML、气候数据、税务评估数据库、建筑材料数据库到针对当前和潜在未来条件的建筑能源每小时需求概况，在世界各地开放数据运动的背景下，公共机构越来越倾向于共享城市和建筑的各类数据集[16]。建筑信息模型也从原本的 3D 建模拓展到 4D 时间调度、5D 成本估算以及 6D 可持续评估的各个方面[17]，建筑信息模型数据类型可归纳为成本数据、因子数据、产品数据以及能源效率数据等。

（1）成本数据　建筑信息模型广泛配备了自动现金流模拟，将计划活动与成本信息连接，构建了成本预算管理信息平台[18]。成本数据的估算都源于劳动力、设备和材料的使用，元素级成本数据与碳排放是类比概念，这意味着成本数据库中定义的消耗数据与基本碳排放因子相结合，最终可以创建一个建筑元素级碳数据库[19]，生成的数据库包含人工、设备和材料的细分结构[18]。

（2）因子数据　尽管各类建筑信息模型的目的和系统边界有所差异，但基本原理及计算逻辑大多都采用碳排放因子法，即由各阶段资源和能源活动数据乘以相应的碳排放因子计算建筑碳排放量，因此，能源和建筑相关产品的碳排放因子数据至关重要。[20]在生产阶段，不同种类、规格的建材对应不同的碳排放因子；在运输阶段，不同的运输方式对应不同的碳排放因子；建造及拆除阶段的资源消耗、机械班台的能源用量也分别对应不同能源，如汽油、柴油、电力等的碳排放因子；运行阶段的资源消耗也对应不同的碳排放因子，如电力等能源的碳排放因子。这些碳排放因子组成了因子数据库，建模时可通过对国家官方数据库、本地数据库，如 Ecoinvent，中国生命周期基础数据库（CLCD），碳和能源清单（ICE）等直接查询而获取。

（3）产品数据　由于来自不同供应商的相同类型的材料或组件的碳排放

可能会有很大差异，因此以行业为主导的建筑评估使用产品数据库作为主要数据来源，但在建筑全生命周期的背景下，产品的首选制造商或指定制造商存在无法确定的情形，因此产品数据库的可靠性和可比性仍在完善之中。产品数据清单可用作评估隐含能源的基本工具，包括与建筑全生命周期材料生产相关的隐含碳和其他环境结果的信息[21]。

（4）能源效率数据　能源效率数据是通过上游数据的参数输入进而汇总形成的数据库，能源效率数据考虑了时间、空间和物理边界等要素进行选择和收集，其实现碳排放计算的可靠性和准确性取决于上游输入数据的时间验证、空间变化和物理参数[22]。在建筑全生命周期中，能源效率、能源结构等数据是随着能源技术的进步而变化的，当前基于动态建筑全生命周期的信息模型，通过情景分析以及气候变化特征和时间特征提供能源效率动态变化的模型相继研发[23, 24]。

此外，建筑信息模型还包含其他存量数据，如天气、土地测量、地理信息、城市及建筑信息等。但这些信息开放程度不一，相关数据体系的构建仍需进一步系统化。

近些年我国产业不断调整、技术不断更迭，与碳排放相关的参数不断变化，因此建筑信息建模数据应选用当地活动水平数据及相关参数，此外，国内外碳排放计算的边界不尽相同。因此本章对建筑信息模型数据体系从国外和国内两个层面加以介绍。

3.1.2　建筑信息模型数据特征

建筑信息建模技术自提出以来，得到了英国、芬兰、瑞典、日本、澳大利亚、中国等国家的广泛认可和应用[25]，在建筑行业的地位日趋提升，特别是面对复杂工程时，建筑信息建模技术更为高效。建筑信息模型是工程项目实体与功能的数字化表达[26]，因其具有信息完备性、对象参数化、模型可视化、操作便捷性、计算可靠性、成果多元化等多重优势，该项技术理论近年来不断深化、应用水平不断提高。

建筑信息模型数据是建筑信息模型的核心，其价值是发掘和理解建筑信息内容，建筑信息模型数据主要具备以下特征：

（1）原始性　建筑信息模型数据经过不断地汇总和分类加以积累和应用，各类数据均在汇集时进行定位标记，并通过图形界面以图形化的方式展示和编辑。建筑信息模型数据的原始性特征使用户可通过特定的属性或条件搜索和获取所需信息，提高了数据的可访问性和利用价值，也使得建筑信息模型更易理解和沟通。

（2）多维性　建筑信息模型数据主要基于所构建的空间模型，其数据不仅包含几何形状、空间位置、空间关系等表示建筑元素的几何信息，还包含了时间、成本、材料属性等内容。建筑信息模型数据的多维性使不同领域的用户能够在不同的建筑阶段更好地理解建筑模型的特征，综合管理建筑项目。

（3）交互性 建筑信息模型数据中的各个元素可以相互连接和关联，形成一个整体的数据模型，当参数更改时，相关的元素会自动更新。建筑信息模型数据的交互性提高了建筑信息模型的灵活性和效率，支持多人协同工作，促进了不同领域之间的合作和信息共享，减少了信息传递中误解的风险。

虽然建筑信息模型对于取代数据手动提取和收集，处理建筑全生命周期的复杂过程并做出设计决策方面发挥着重要作用，学术界也对建筑信息建模技术及其在碳排放方面的潜力探索得越来越深入，但基于建筑信息模型进行建筑碳排放计算需要其他接口和软件的协作，这些软件或工具引发了互操作性弱、不兼容、信息交换困难和不可扩展性等问题 [21, 27]。目前国内的建筑信息模型大部分围绕工程造价进行计算，可以直接进行碳排放计算的平台仍需完善。因此，为了解决当前建筑信息模型面临的诸多挑战，实现从碳规划到碳监测的智能计算，建立建筑信息模型数据体系是十分必要的。同时，GIS、虚拟现实、云计算、大数据等相关技术的进步，进一步带动了建筑信息建模技术的信息化发展，建筑信息模型当前更多应用于建筑全生命周期的建筑规划设计和施工阶段，而建筑维护、改造和拆除阶段的潜力还有待挖掘，应当前行业信息化的发展以及行业未来的发展趋势，提供基于建筑信息模型的建筑全生命周期碳排放量化数据体系以实现碳中和，是至关重要的。建立建筑信息模型数据体系，可以促进整个建筑生命周期中的信息集成和管理 [28]，从而为利用设计数据进行零碳建筑设计和性能分析提供充分的机会 [29]，有助于全面了解潜在的能源消耗、碳排放和环境影响，也为检验建筑减排效果、提出可行减排技术和策略提供了重要途径，对于最大限度地降低生命周期成本，实现碳中和具有重要价值。

本节主要对建筑信息模型四类典型数据的国外主要数据库进行介绍，即成本数据体系、因子数据体系、产品数据体系以及能源效率数据体系。

3.2.1 成本数据体系

美国 RSMeans 工程造价数据库是典型的成本数据体系，该体系积累了美国工程界半个多世纪的全真造价数据，是当前使用较多的成本评估参考数据库，如图 3-2 所示。

RSMeans 数据库是北美建筑成本信息的主要来源，该数据库提供的成本数据是与当地相关的、准确可靠且最新的。数据信息可以通过书籍、CD、

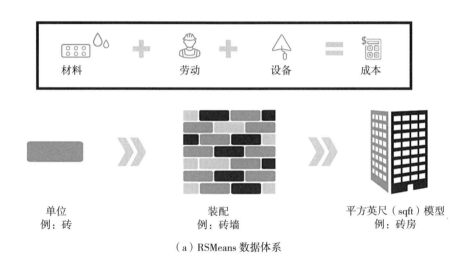

材料 ＋ 劳动 ＋ 设备 ＝ 成本

单位
例：砖

装配
例：砖墙

平方英尺（sqft）模型
例：砖房

（a）RSMeans 数据体系

（b）2016 年 RSMeans 数据库

图 3-2　RSMeans 数据库

电子书和网络动态估算的在线格式获得，建筑工程多参与方，如业主、开发商、建筑师、工程师和承包商均可使用该数据库获得他们需要的信息，以建立有竞争力的成本估算和控制施工成本，或对各种类型的建筑进行快速概念性的成本估算。

RSMeans 数据库不断收集和更新，包括 85 000 多个单价、25 000 套建筑案例和 42 000 项设施修理和改建费用，涵盖每一类建筑工程，涉及成本、施工材料、设备租赁、生产率和劳动力等数据，可用于无论是计划、预算还是成本估算。RSMeans 数据体系具有全面性（可查找几乎每一类建筑的成本）、本地化（可自定义成本数据以反映市场价格）、更新快（随着成本的变化，在线数据库全年更新）、省时性（在可搜索数据库中以秒为单位定位成本）等特点。

目前全球覆盖面最大的成本造价数据库就是 RSMeans，其海量的数据和丰富的工程类型，足以支持工程行业在项目的任何阶段进行理性的成本评估，以控制工程造价。

RSMeans 数据库的操作步骤主要是：①项目搜索列表。按关键字查找项目。可以按编号或按部门浏览目录以找到材料、任务或结构等需要的成本。②进阶报告。自定义评估外观，用正确的顺序包含正确的信息。③预订组件。在估算值内为自定义系统生成自己的程序集，并将其保存以供以后使用。④运行分解结构。自定义估算结构，并在建造房间或楼层时保持条理性。按行业、按房间或设计组织系统。⑤平方英尺（sqft）模型。利用可编辑的现有模型库快速创建概念估算，以生成项目位置的成本。⑥权限和共享。用于更大的组织中的协作，围绕存储估计值的用户和文件夹设置权限以及共享。

RSMeans 数据库在当今时代最大的意义在于它从一开始就使用了行业通用分类编码标准，包含注重构件分类方法的 Uniformat，和更加细分工程组件的 Masterformat，这种数据结构对于建筑信息模型的快速自动化计算及评估多种方案成本具有显著的科学决策效益。

3.2.2　因子数据体系

目前，国际上针对建筑碳排放因子建立的专门数据库较少，大部分是全生命周期评价（Life Cycle Assessment，LCA）方法中用于支持全生命周期清单分析（Life CycleInventory Analysis，LCI）的基础清单数据库，包括建筑在内的多个行业，涵盖温室气体在内多种类型大气污染物[25]。

国外 LCA 数据库主要有瑞士的 Ecoinvent 数据库、欧洲生命周期文献数据库 ELCD、德国 GaBi 扩展数据库（GaBi Databases）、美国 NREL-USLCI

数据库（U.S. LCI）、韩国 LCI 数据库（Korea LCIdatebase）[30] 等。

（1）Ecoinvent 数据库 它由瑞士 Ecoinvent 中心开发的商业数据库，是一个生命周期清单数据库，支持各种类型的可持续性评估，致力于为全球可持续性评估提供高质量数据，如图 3-3 所示。

Ecoinvent 数据库使用户能够更深入地了解其产品和服务对环境的影响。它是一个涵盖全球和区域级各种部门的资料库。它目前包含 18 000 多项活动，涵盖一系列行业，涉及领域包括农业和畜牧业、建筑业、化工和塑料、能源、林业和木材、金属、纺织品、交通、旅游住宿、废物处理和回收、供水等工业部门。Ecoinvent 数据模拟人类活动或过程数据，包含工业、农业、自然资源的获取及排放等过程信息，以及有关过程所产生的产品、副产品和废物。

Ecoinvent 数据主要源于统计资料以及技术文献，其数据量丰富、权威，且数据库中的每项活动都有一个地理位置，其目的是涵盖与选定产品或服务最相关的地理区域的活动。同时，数据库中几乎每一项活动都有一个代表全球进程的数据集，即全球平均产量，因此，Ecoinvent 被广泛认为是市场上较为全面和透明的数据体系。

（2）GaBi 数据库 它是由德国 Thinkstep 公司开发的 LCI 数据库，也是市场上领先的 LCA 数据库，目前一共有大约 17 000 种材料和工艺的环境概况，来自 20 多个国家的 60 名 LCA 研究学者每年都会对数据进行更新。GaBi 数据库涵盖大多数行业，包括农业、建筑与施工、化学品和材料、消费品、教育、电子与信息通信技术、能源与公共事业、食品与饮料、医疗保健和生命科学、工业产品、金属和采矿、塑料、零售、服务业、纺织品等。GaBi 数据可支持碳足迹计算、工程项目经济与生态分析、生命周期成本研究、原始材料和能流分析、环境应用功能设计、基准研究等，其数据在深度、广度、准确性和质量方面都是较为先进的。

（3）ICE 碳和能源清单（ICE 数据库）它被用作建筑材料的隐含碳数据库。ICE 数据库是根据大量文献回顾创建的，包含 200 多种材料的数据，分为 30 多个主要材料类别，该数据库被广泛使用，已被全球 30 000 多名专业人士下载，并出现在无数报告、期刊、书籍、讲座、实体能源和碳足迹计算器等中。ICE 数据库的主要缺点是更新频率不高。

此外，ELCD 数据库由欧盟研究总署联合欧洲各行业协会提供，ELCD 中涵盖了欧盟 300 多种大宗能源、原材料、运输的汇总 LCI 数据集（ELCD 2.0 版），包含各种常见 LCA 清单物质数据，可为在欧生产、使用、废弃的产品的 LCA 研究与分析提供数据支持，是欧盟环境总署和成员国政府机构指定的基础数据库之一。最新版 ELCD 3.0 版包含了 440 个汇总过程数据集，数据主要来源于欧盟企业真实数据。由于欧盟直接采购市场上现有的商用数据库，目前 ELCD 数据库已经停止更新；韩国 LCI 数据库是由韩国环境工业与技术协会（KEITI）根据 ISO 14044：2006 的流程开发的韩国本地清单数据库，包含了 393 个韩国国内汇总过程数据集，涵盖物质及配件的制造、加工、运输、废物处置等过程；U.S. LCI 由美国国家再生能源实验室（NREL）和其合作伙伴开发，代表了美国本土技术水平，包含 950 多个单元过程数据集及 390 个汇总过程数据集，涵盖常用的材料生产、能源生产、运输等过程，被广泛用于生物能源、建筑物、现代化电网、地热、氢和燃料电池、综合能源、交通运输、水源和风能等领域。

3.2.3　产品数据体系

环境产品声明（Environmental Product Declaration，EPD）从生命周期的角度，传递与产品或服务相关的经第三方认证的环境信息。在国际上，EPD 体系是世界上应用最广泛的Ⅲ型环境声明，几乎覆盖全球。

EPD 的概念于 1997 年在北欧首次提出，最初 EPD 主要应用在建筑和建材行业，这是因为建筑领域对环境的影响较大，且建筑材料和产品生命周期的环境影响极为复杂，因此被广泛地应用于建筑材料、产品和项目的评估与认证中。随着时间的推移，EPD 的标准与制定也在不断推陈出新。越来越多的国家与地区制定了相关政策与法规，鼓励和要求企业使用 EPD 来衡量和报告其产品的环境性能。现如今，EPD 已经发展到了覆盖 12 类产业：化工、建筑、电力能源、食品和饮料、家具、基础设施和建筑物、机械和设备、金属塑料等包装材料、服务类产品、纸制品、纺织服饰类、车辆运输类。为了实现碳减排目标，欧盟于 2013 年开始建立统一的绿色产品市场，并于 2020 年开始试行基于 LCA 方法的产品环境足迹法案（Product Environment Footprint，PEF），强制要求在欧盟销售的 23 种产品必须提供基于 LCA 的 EPD 标签。

对于建筑材料，EPD 报告可能包括对原材料的采购、生产过程、能源消耗、废物处理、水资源利用等的评估。EPD 是以量化的产品环境影响评价方法学，即生命周期评价为基础的规范化、标准化的环境声明，基于客观详实的数据，增加对企业环境信息的管控，提高产品环境影响的透明度和可追溯性，增加数据和计算模型的可靠性，通过科学决策和有针对性的沟通来改善生态环境保护工作。

建筑产品的碳足迹及环境影响评估及声明的数据库开发和建设工作，欧洲起步最早，建立了完善的标准体系、积累了大量基础材料和产品 LCA 数据库，EPD 注册机构众多，瑞典、意大利、德国等国家逐渐形成了本国逐年更新的建筑产品的环境影响数据集，如图 3-4 所示。

名称	覆盖行业	国家	创办时间
The International EPD ® System	综合	瑞典	1998
EPD LTALY	综合	意大利	2017
Bau–EPD	建筑材料	奥地利	2011
EPD LRELAND	综合	爱尔兰	2017
IBU–EPD	建筑材料	德国	2013
EPD–Norge	综合	挪威	2002

图 3-4 国外 EPD 数据库

3.2.4 能源效率数据体系

在许多国家和环境中，能源和建筑存量数据正在汇总并可供获取，例如英国国家能源效率数据框架、美国能源部的建筑能源绩效数据库、韩国的建筑能源综合数据库以及瑞典的能源绩效证明数据库。而且能源和建筑的高质量调查也成为研究领域的一部分，例如美国能源部的住宅或商业建筑能源调查。尽管能源效率数据体系正在搭建，但大多数国家和城市无法获得一个一致或经常更新的数据库，用以实际测量其大规模存量建筑的能源消耗和建筑性能。

美国能源部的标准能效数据平台（the US DOE's Standard Energy Efficiency Data Platform，SEED）、英国国家能源效率数据框架（National Energy Efficiency Data-Framework，NEED）等标准数据管理平台[31]旨在通过提供标准能效数据来帮助解决这个问题。

SEED 平台是一个基于 Web 的应用程序，可帮助组织、管理有关大型建筑物的能源绩效的数据。该平台包含了房地产数据（税务记录、电子表格等）、性能数据（ESPM、公用事业数据）、建筑物使用信息等数据以及 HPXML、ENERGY STAR 等软件的结合使用，未来平台还将添加能源与环境司法（EEJ）指标，确保资源得到适当分配。用户可以合并来自多个来源的数据，对其进行清理和验证，并与他人共享信息。该平台提供了一种简单、灵活且具有成本效益的方法，以提高数据的质量和可用性，证明能源效率的经济和环境效益，以便于实施程序以及确定投资活动。

NEED 的建立是为了帮助更好地了解英国住宅和非住宅建筑的能源使用和能源效率，如图 3-5 所示。该数据框架将能源安全与近零排放地方能源消耗统计数据部门收集的天然气和电力消耗数据与政府计划（如能源公司义务和绿色家园补助金）的家庭中安装的能源效率措施信息相匹配。它还包括从其他来源获得的关于建筑和家庭特征的数据，如年度用电量和天然气消耗量、住宅特征（建筑面积、房龄、房产类型等）、家庭

国家能源效率数据框架（NEED）：访问物业级别数据

二零二零年五月

本文档为商业、能源和工业战略部（BEIS）以外的个人或组织提供了访问 NEED 属性级数据的四条途径。关于 BEIS 如何管理 NEED 数据的更多信息请参见隐私影响评估 1。

NEED 数据由不同的组成部分组成，每个部分都是根据不同的立法或协议获得的。各部件的供应商见下表 1。由于每个组件必须遵守不同的规则（包括关于进一步共享的规则），因此并非 NEED 的所有组件都可通过每个路由使用。

表 1：编制 NEED 数据所使用的数据来源

数据	供应商
电表电耗	电力供应商和数据收集者
燃气消耗量	Xo 服务
性能特点	估价署机构
家庭特征	保险
能效措施安装情况（如能源公司责任、上网电价等）	管理委员会
安装新的锅炉	燃气安全注册

欢迎对本文件提出疑问，请发送至：energyefficiency.stats@beis.gov.uk.

图 3-5　2020 年 NEED 属性级数据

特征（家庭收入、保有权、成人数量等）、房产所在地区的相关信息（地方当局、多重贫困指数等）以及能效措施安装情况（如能源公司责任、上网电价等）等。

加拿大能源建模中心通过对加拿大范围内的能源模型用户和开发人员进行国家范围内的调查，并对实践中使用的模型套件进行了评估，召集来自公共、私营和非营利部门的能源建模利益相关者，以支持政治气候政策制定，为加拿大能源建模社区补充建立一个开放访问模型数据库。该数据库基于公用事业公司、系统运营商、独立电力生产商、监管机构、政府机构和能源协会公开提供的国家和省级数据库而建立。其包含的数据涉及发电设施、输电网络、变电站和其他资产，以及系统运行、需求、供应、进口和成本。同时，该数据库包含可持续能源系统整合与过渡小组（SESIT）收集的数据，这些数据对能源系统模型的建立至关重要，该模型涵盖各种矢量（如能源、运输和建筑）和规模（包括市、省和联邦各级）以及部门（如电力、热力和水）。该数据库由能源建模中心维护并定期更新[32]。

此外，世界银行（World Bank，WB）数据库、国际能源署（International Energy Agency，IEA）、全球碳预算数据库（Global Carbon Budget，GCB）、联合国环境署（United Nations Environment Programme，UNEP）等数据库进一步依据可获得数据从全球视角提供碳排放数据的统计和预测，希望通过全球协作实现碳中和目标。

WB 数据库是支持关键管理决策的一个重要工具，包含世界发展指数、全球金融发展、全球经济监控、非洲发展指数等 7 000 多个指标。针对能源与环境，详细列出近 300 个国家或地区的一次能源强度水平（兆焦耳 /2017 年 PPP 美元 GDP）、CO_2 排放量（人均公吨数）、NO 排放量（千公吨 CO_2 当量）、CO_2 排放量（千吨）、CH_4 排放量（千吨二氧化碳当量）等数据，并根据不同区域、收入水平等标准进一步加以统计，涵盖的数据面广而且数据更新及时。

IEA 成立于石油危机期间，其初始作用是负责协调应对石油供应紧急情况。随着能源市场的变迁，IEA 的使命也随之改变并扩大，纳入了基于提高能源安全、经济发展、环境保护和全球参与的 "4 个 E" 的均衡能源决策概念。IEA 致力于制定切实有效的国家能源政策，并将其作为能源部门投资的长期规划中的一个关键要素。IEA 收集、评估和传播关于能源供应和需求的统计数据，这些数据被汇编成能源平衡表，此外还有一些其他与能源有关的关键指标，包括能源价格、公共研发和能效衡量标准等。数据库既有分析报告《2023 年二氧化碳排放》《清洁能源市场监测》、2023 年 World Energy Outlook（WEO，即《世界能源展望》），均提供了较为权威、全面的全球能源数据。

GCB 数据库是基于全球碳项目的数据库，旨在跟踪全球碳排放和碳汇的趋势，被广泛认为是同类报告中最全面的数据库。GCB 详细描述数据库的所有数据集和模型结果，将对全球碳预算做出贡献的所有数据集集成在全球碳预算和国家层面排放清单中，为区域 / 国家碳计划提供全球协调平台，通过更好地协调、明确目标和发展概念框架，加强国家和地区间更广泛的碳研究计划及其他更多相关学科项目的研究。GCB 每年更新一次，并在每年的缔约方会议上公布，提供了大量关于碳循环和人为排放数据，从而为制定缓解温室效应的政策和行动计划提供依据。

UNEP 是全球环境方面的主要权威机构，其使命是激励、告知和帮助各国和人民在不损害子孙后代生活质量的情况下提高生活质量。其实时数据工具和平台包含数据集、版物、概况介绍、互动等功能。UNEP 每年发布《排放差距报告》，提供全球温室气体排放的最新进展和应该达到的水平，并探讨消除 CO_2 在应对气候危机中的作用，研究温室气体排放的未来趋势，并为应对全球变暖的挑战提供潜在的解决方案。还重点关注中低收入国家的能源转型，提供循证数据为政策决策提供信息。

本节主要对建筑信息模型四类典型数据的国内主要数据体系进行介绍，即成本数据体系、因子数据体系、产品数据体系以及能源效率数据体系。

3.3.1　成本数据体系

随着市场的发展，越来越多的中国企业开始将碳排放成本纳入日常商业决策考量之中。2013 年住房和城乡建设部批准《房屋建筑与装饰工程工程量计算规范》GB/T 50854—2013 为国家标准[33]，该规范适用于工业与民用的房屋建筑与装饰工程发包承包及实施阶段计价活动中的工程计量和工程量清单编制。2015 年住房和城乡建设部出版《房屋建筑与装饰工程消耗量定额》TY 01-31-2015[34]。2019 年按照《住房和城乡建设部办公厅关于印发 2019 年工程造价计价依据编制计划和工程造价管理工作计划的通知》，住房和城乡建设部标准定额司组织完成了《房屋建筑与装饰工程消耗量定额》《市政工程消耗量定额》两套消耗量定额的局部修订工作。2023 年为规范房屋建筑与装饰工程造价计量规则、工程量清单的编制方法及其清单项目所需包括内容，按照《工程造价改革工作方案》要求，住房和城乡建设部标准定额司对《房屋建筑与装饰工程工程量计算规范》GB/T 50854—2013 进行了修订，形成《房屋建筑与装饰工程工程量计算标准（征求意见稿）》。

《房屋建筑与装饰工程消耗量定额》适用于工业与民用建筑的新建、扩建和改建房屋建筑与装饰工程，包括土石方工程，地基处理及边坡支护工程，桩基工程，砌筑工程，混凝土及钢筋混凝土工程，金属结构工程，木结构工程，门窗工程，屋面及防水工程，保温、隔热、防腐工程，楼地面装饰工程，墙、柱面装饰与隔断、幕墙工程，顶棚工程，油漆、涂料、裱糊工程，其他工程，拆除工程，措施项目等内容。

此外，各地市也相继出台了《建筑装饰装修工程消耗量标准》《装配式建筑工程量消耗定额》《房屋建筑与装饰工程预算定额》等相关文件。建筑信息模型系统可依据项目实际的工程量清单和运输情况，结合《房屋建筑与装饰工程消耗量定额》等成本数据体系所给对应定额单位工程量所需人工数、材料用量和设备机械台班，自动估算出建筑全生命周期排放量，为碳排放计算工作增加了便利性，降低用人成本，提高了使用者工作效率。

3.3.2　因子数据体系

国内因子数据体系主要包括中国碳核算数据库（China Emission Accounts and Datasets，CEADs）、中国产品全生命周期温室气体排放系数库、中国生命周期基础数据库（Chinese Life Cycle Database，CLCD）等。

（1）CEADs　CEADs 是由清华大学关大博教授团队于 2016 年创建，在中华人民共和国科学技术部国际合作司、中国 21 世纪议程管理中心、国家自然科学基金委员会、英国研究理事会等相关机构的支持下，聚集近千名中外学者以数据众筹方式收集、校验，共同编纂完成的涵盖中国及其他发展中经济体的多尺度碳核算清单及社会经济与贸易数据库，并为学术研究提供免费的数据共享下载，如图 3-6 所示。团队致力于构建可交叉验证的多尺度碳排放核算方法体系，编制涵盖中国及其他发展中经济体碳核算清单，打造国家、区域、城市、基础设施多尺度统一、全口径、可验证的高空间精度、分社会经济部门、分能源品种品质的精细化碳核算数据体系。CEADs 通过对中国煤矿的大范围调查，提供了中国的排放因子数据。

CEADs 包含 CEADs 核算数据和 CEADs 合作数据，其中 CEADs 核算数据包含：全球国家清单、国家级清单（中国分部门核算碳排放清单 1997—2021、中国表现碳排放清单 1997—2021、中国能源清单 1997—2021）、省级清单（2018、2019、2020、2021 年 30 个省份排放清单）、城市级清单（1997—2019 年 290 个中国城市碳排放清单、中原地区 29 个城市基于生产碳排放清单等）、县级清单（1997—2017 年中国县级尺度碳排放）、工业过程（2000—2018 年全球炼油碳排放清单、中国输电项目的投入品清单等）、排放因子、投入产出表（EMERGING MODEL 全球全域近实时投入产出表 -V2、EMERGING MODEL- 全球全域近实时投入产出表）、实时碳数据、COVID—19 等数据；CEADs 合作数据包含：中国多尺度排放清单模型 MEIC 和全球基础设施排放数据库 GID。

CEADS 定期更新中国多尺度能源、二氧化碳和社会经济清单

国家级清单　　省级清单　　城市级清单　　县级清单

排放过程　　全球国家清单　　排放因子　　投入产出表

COVID-19

图 3-6　CEADs 核算数据列表

（2）中国产品全生命周期温室气体排放系数库　中国产品全生命周期温室气体排放系数库（China Greenhouse Gas Emission Coefficient Library for Product Life Cycle）由生态环境部环境规划院碳达峰碳中和研究中心联合北京师范大学生态环境治理研究中心、中山大学环境科学与工程学院，在中国城市温室气体工作组（CCG）的统筹下，组织54名专业研究人员，无偿、自愿建设且全部公开。

中国产品全生命周期温室气体排放系数集（图3-7）是中国城市温室气体工作组一项重要、长期的工作目标和成果，其目的是方便组织机构、企业和个人准确、便捷、统一地计算碳足迹。数据集主要基于《ISO 14067：2018 Greenhouse gases – Carbon footprint of products – Requirements and guidelines for quantification》的基本原则和方法，确定产品全生命周期温室气体排放，包括取得原材料到生产、使用和废弃的整个生命周期。将单位产品全生命周期排放分为上游排放（upstream emissions）、下游排放（downstream emissions）和废弃物处理排放（waste management emissions）。其数据类型包含二级、三级和四级分类，其中二级分类包括建筑服务、建筑物、电动机和装置、基础金属、运输设备等；三级分类包括碑塔或建筑用石料及其制品、玻璃和玻璃制品、混凝土、水泥及石膏的制品、电能、煤气等；四级分类包括大理石和其他石灰质碑塔或建筑石材、碎屑及粉末、安全玻璃、城市间定期公路客运服务等。

该数据集的建设是基于公开文献资料的收集、整理、分析、评估和再计算，对于从消费端管理温室气体排放和基于产业链推动碳减排具有重要的意

建筑和建筑服务	金融及有关服务；不动产服务；及出租和租赁服务	金属制品、机械和设备	经销行业服务；住宿；食品和饮料服务；运输服务；…
（71）	（1）	（684）	（387）
矿石和矿物；电、气和水	农业、林业和水产品	其他可运输货物，金属制品、机械和设备除外	商业和生产服务
（430）	（696）	（840）	（55）
社区、社会和个人服务	食品、饮料和烟草；纺织品，服装和皮革制品	碳移除	核心数据库
（90）	（579）	（76）	（387）

图3-7　中国产品全生命周期温室气体排放系数库列表

义，也是推动中国实现碳达峰碳中和的重要数据支撑。

（3）CLCD　CLCD 是由四川大学和亿科环境科技有限公司共同开发的中国本地化的生命周期基础数据库，数据来自行业统计与文献，代表中国市场平均值，包含资源消耗以及与节能减排相关的多项指标，是一个基于中国基础工业系统生命周期核心模型的行业平均数据库，目标是代表中国生产技术及市场水平。

CLCD 数据库涵盖中国大宗能源、原材料、运输的 LCA 数据，避免了数据收集工作和模型的不一致，从而保证了数据库的质量。同时，数据库涵盖资源消耗、能耗、水耗、温室气体以及主要污染物，支持完整的 LCA 分析和节能减排评价，包含中国本地化的资源特征化因子、归一化基准值、节能减排权重因子等参数。CLCD 数据库兼容国际主流数据库 Ecoinvent，欧盟 ELCD，支持进口原料与出口产品的 LCA，可以为 LCA 研究和分析提供丰富的数据选择，并且提出了量化的数据质量评估指标，为数据收集、案例研究、产品认证等提供了数据质量判断依据和控制方法。

CLCD 是国内首个公开发布并被广泛使用的中国本地生命周期基础数据库。此外，国内还有多家科研单位与企业开发了 LCA 数据库，包括中科院生态环境研究中心（CAS RCEES）开发的中国 LCA 数据库、北京工业大学开发的清单数据库、同济大学开发的中国汽车替代燃料生命周期数据库、宝钢开发的企业产品 LCA 数据库等 [30]。另外，我国的《建筑碳排放计算标准》GB/T 51366—2019 中也列举了几十种常用建材的碳排放因子计算数值。

3.3.3　产品数据体系

EPD 数据体系是由建筑产品制造商提供的一手数据，地产等企业可以据此开展建筑隐含碳的溯源，并进一步开展碳减排的管理，为碳中和奠定数据依据和基础。2021 年，我国将"碳达峰碳中和"纳入了生态文明建设整体布局，"双碳"成为中国绿色高质量发展的前沿热点和趋势，作为国际绿色低碳领域对话的标准语言，LCA 与 EPD 在政策端、市场端、行业内等各个层次被越来越多地关注和重视。EPD 主要包含企业信息、产品信息、内容声明、环境影响、资源使用情况、认证信息、有效期限、其他与产品相关的环境信息等内容。EPD 还可以包含生命周期评价计算之外的相关信息，例如：产品的正确使用说明书，产品的维修和服务，以及产品回收的信息。

EPD 中国成立于 2020 年 9 月 9 日，由华盛绿色工业基金会—绿色方舟国际联盟、上海绿色制造联盟、"一带一路"环境技术交流与转移中心（深圳）、上海环翼环境科技有限公司共同合作创立。EPD 中国组织架构如图 3-8 所示。EPD 中国目标是提供一个专业的、兼具中国本土化和国际标准

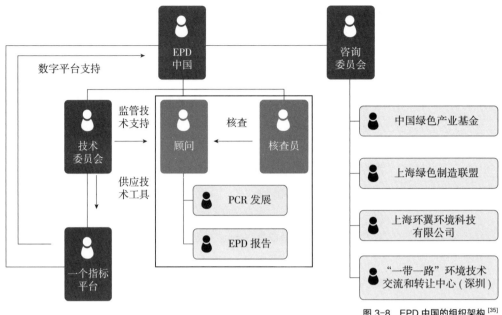

图 3-8　EPD 中国的组织架构 [35]

化的 EPD 创建平台，功能集 PCR 开发、LCA 研究、EPD 审核、EPD 发布为一体，并兼容碳足迹、碳盘查工具，为实现中国"3060"碳达峰、碳中和目标助力。2022 年，EPD 中国项目顺利启动，按照 ISO 14025 开展 EPD 中国项目，兼具中国国情和国际政策法规，完成 EPD 报告的发布与维护。EPD 报告主要包含基本信息（EPD 项目运营机构、声明编号、EPD 所有者名称和地址、参考 PCR、发布日期、有效期、EPD 范围、第三方审核员等），产品信息（产品描述、用途、技术参数、产品配方 / 材料成分等），生命周期阶段信息 [生产阶段、生产过程中的环境与健康、包装、产品安装、使用阶段、使用过程中的环境与健康、参考使用寿命（RSL）、异常影响（火、水、机械损坏）、终止生命阶段等]，LCA 计算规则（声明单位 / 功能单位、系统边界、估计和假设、取舍规则、数据来源和数据质量、分配、LCA 场景和附加技术信息等），LCA 结果（资源使用、输出流和废物产生、环境影响等）等。

完整的 EPD 开发，由以下 7 个步骤组成：① EPD 类型确定。根据产品类型、数量、行业及数据质量等因素，确定 EPD 类型。②选定 PCR。如果产品相关的行业或产品特定 PCR 缺失，优先考虑开发行业或者产品特定 PCR，如开发存在困难可采用通用 PCR。③数据收集。根据标准和要求，从企业收集产品在选定周期内所有环境相关的输入和输出数据。④ LCA 研究。开展 LCA 分析、建模、情景分析并撰写 LCA 报告。⑤ EPD 报告。根据 LCA 报告、PCR 要求以及 EPD 项目运营机构规定，撰写 EPD 报告。⑥审核。LCA 和 EPD 报告必须由 EPD 项目运营机构认可的独立第三方审核员或审核机构进行审核。⑦ EPD 发布。通过审核后，EPD 报告可在 EPD 项目运营机构注册和发布。

EPD 中国当前已形成"EPD 报告数字化智能平台""EPD 中国项目指南"等资源，为 EPD 中国项目开展提供了科学、详细、规范的描述，能够有效协助 EPD 报告拥有者和顾问高效完成符合中国市场以及国际市场要求的 EPD 项目。

LCA 及 EPD 面向产品上下游全生命周期过程，其反映的环境特性必将对上下游产业链产生推动作用，促进全产业链参与绿色低碳工作，将有力地引导和支撑中国制造产品，以更加绿色低碳的形象积极参与国际市场竞争。

3.3.4　能源效率数据体系

中国建筑节能协会建筑能耗与碳排放数据专委会自 2016 年起每年发布《中国建筑能耗研究报告》，通过多年的研究与积累，专委会建立了涵盖区域建筑能耗、建筑面积、建筑碳排放核算方法体系，构建了区域建筑碳达峰碳形势与状态评估模型、碳达峰碳中和情景预测方法，开发了中国建筑能耗与碳排放数据平台，为中国建筑领域碳达峰碳中和战略提供支撑。

建筑能耗与碳排放数据平台（Building Energy and Emissions Database, CBEED）是由中国建筑节能协会建筑能耗与碳排放数据专委会开发，其中，建筑能耗与碳排放数据库包含省级、全国、全世界层面多方面的数据。主要包含：①全国建筑能耗与碳排放（全国建筑全过程能耗与碳排放总量、全国建筑运行消耗、全国建筑运行碳排放、全国建筑建材生产运输与施工碳排放）；②分省建筑运行能耗与碳排放（分省建筑运行能耗、分省建筑运行碳排放）；③城市建筑运行碳排放（城市建筑运行能耗、城市建筑运行碳排放）；④建筑面积；⑤城镇污水处理（全国历年城镇污水处理情况、全国城镇污水处理碳排放、各地区城镇污水处理碳排放）；⑥城市生活垃圾处理（全国城市生活垃圾处理情况、全国城市生活垃圾处理碳排放、各地区城市生活垃圾处理情况、各地区城市生活垃圾处理碳排放）；⑦城市集中供热能耗与碳排放（全国城市集中供热能耗、碳排放及排放强度、省级城市集中供热能耗、碳排放及排放强度、城市级城市集中供热能耗、碳排放及排放强度）。建筑碳排放可视化平台对近 10 年省级层面多方面数据进行了可视化展示。

此外，武汉市搭建建筑能效与碳排放数据管理平台（试点版），该平台是住房和城乡建设主管部门对建筑能效和碳排放测评活动管理的业务系统，对建筑能效测评活动实行网上受理、办理、监管和服务，包括建筑能效测评机构的备案管理、建设项目的能效测评标识备案管理、测评机构和标识项目的公示、发证、投诉受理、监督管理等。建设能效测评标识是绿色建材、绿色建筑、绿色金融、碳排放权交易等政策和制度协同发展的重要组成部分。

2023 年 6 月，首届上海国际碳中和博览会上，上海市建筑碳排放智慧监管平台正式启动。该平台的前身是国家机关办公建筑和大型公共建筑能耗监测平台，截至 2022 年底，全市累计共有 2195 栋公共建筑完成用能分项计量装置的安装并实现与能耗监测平台的数据联网，覆盖建筑面积 10 442 万 m²。平台通过对大型公共建筑的能耗监测，围绕全市发展、区域管理、行业监督、政府管理等方面进行能耗数据统计分析，揭示了上海公共建筑年度能耗现状及建筑运行用能特征和规律 [37]。

该平台将对接各类市级数字化平台数据资源，聚焦建筑碳排放监测管理、能源与环境智能服务、可再生能源监测等核心功能，实现空间维度上覆盖上海全市建筑碳排放、大型公共建筑碳排放和公共机构建筑碳排放，时间维度上覆盖建筑设计、建设、运行全过程，形成建筑节能闭环管理体系，推进建筑领域"碳达峰、碳中和"工作落实。到 2030 年，实现对 1.5 亿 m² 公共建筑的碳排放实时监测分析的目标。

能源效率数据体系的建设将给建筑领域节能降碳工作提供大数据智慧分析和数据支撑，进一步提升建筑能碳双控管理精细化、智能化水平 [38]。

与国外发展同步，我国清华大学地球系统科学系刘竹研究组发布全球首个近实时碳排放地图，全球实时碳数据（Carbon Monitor）是一个提供全球碳排放数据的平台，涵盖了全球电力、工业、地面运输、航空运输、居民消费等部门排放 CO_2 的高分辨率活动数据，覆盖了以日为分辨率的全球 CO_2 排放量。该平台可为科学研究和政策评估提供基础数据支持，并大幅度缩短低碳政策的响应时间。在全球实时碳数据库的基础上，科研人员建立了实时全景碳地图，进一步实现了全球最高时空分辨率的碳排放可视化呈现。CM 定期更新碳监测数据，可使公众更好地了解政策行动和经济变化、能源价格、假期、周末和天气，以及如何控制 CO_2 排放的动态。

3.4 本章难点总结与思考题

3.4.1 本章难点总结

本章介绍了碳中和建筑信息建模数据体系，分析了建筑信息模型数据的特征。通过对建筑信息模型中建筑全生命周期各阶段的能源、材料等数据和信息的整理，将建筑信息模型数据概括为四种类型，即成本数据、因子数据、产品数据以及能源效率数据。按照建筑信息模型的数据类型，分别对国内外四种类型数据的典型数据体系进行了介绍，对数据体系的起源、功能、数据来源等加以说明，并对各类数据体系的主要特点和作用意义进行了总结，为建筑信息建模的方法体系和技术框架奠定基础。

3.4.2 思考题

1. 请阐述当前建筑信息建模数据体系所存在的问题。
2. 请阐述建筑信息建模数据体系的未来发展趋势。
3. 请描述建筑信息模型数据的类型及其之间相互关系。
4. 请详细描述国内外不同类型数据体系之间的异同。

第 4 章

碳中和建筑信息建模科学方法

本章主要内容及逻辑关系如图 4-1 所示。

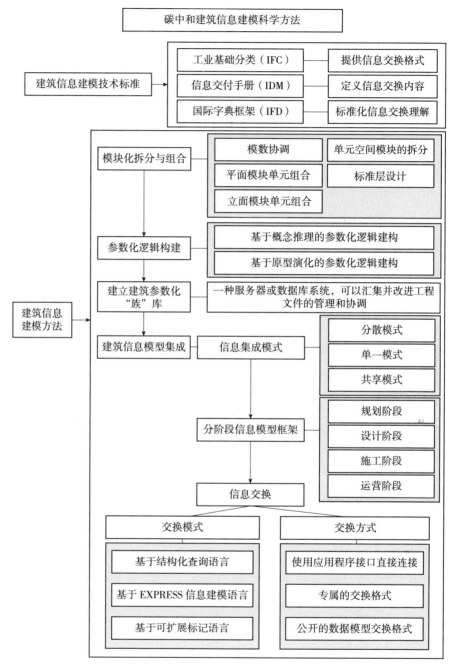

图 4-1　本章主要内容及逻辑关系

建筑信息模型是一个智能化的应用于建筑的三维模型，以可视化形式展示，与物联网技术结合，可以反映建筑建设、运营、能耗管理等方面的信息。建筑信息建模技术与传统的 CAD 技术相比优势非常明显：①建筑信息模型是涵盖工程全生命周期的数据信息集成库，而这个全生命周期一般可持续几十年甚至上百年，因此建筑信息模型建立了一种行之有效的数据表达标准。有了统一的数据表达和传输标准，不同的应用系统之间就有了共同的语言，信息交流和共享成为可能。②建筑信息建模技术和参数化建模是分不开的。参数化建模是一种智能的设计手段，是采用专业知识并配合一定的规则来确定几何参数和约束的一套方法，不仅能解决很多以前无法实现的设计理念，而且还能提高整个设计体系的效率。从系统实现的复杂性、操作的易用性、处理速度的可行性、软硬件技术的支持性等几个角度综合考虑，参数化建模是建筑信息建模技术得以真正成为生产力的不可或缺的基础。③建筑信息建模技术把不同来源、格式、特点和性质的数据在逻辑上或物理上有效集中，实现全面的信息共享，使更多的企业和个人更充分地使用既有的数据资源，减少资料收集、数据采集等重复劳动，节省大量成本。同时，通过对信息的有效集成管理、实现各种数据信息的交换，更好地促进信息在各系统间的流动和共享，适应现代建筑行业发展的复杂需求。④建筑信息建模通过协同设计机制，建立统一的设计标准，减少各专业（以及专业内部）之间由于沟通不畅或沟通不及时导致的错、漏、碰、缺等现象，真正实现所有图纸信息元的统一性，提高设计效率和设计质量。同时，协同设计还对涉及项目的规范化管理起到重要作用。

建筑信息建模技术对于建筑行业的影响是深远和巨大的。以北京大兴国际机场项目为例，建筑信息建模效果图与技术路线如图 4-2 所示。该项目是位于北京市大兴区与河北省廊坊市广阳区之间的超大型国际航空综合交通连接枢纽，航站楼形如展翅的凤凰，T1 航站区建筑群总面积 143 万 m^2，航站楼主体 103 万 m^2，满足年旅客吞吐量 1 亿人次需求，是世界最大空港，是展现中国国家形象的新国门 [39]。由于该项目规模大，参与施工的单位多，施工过程中包含业主方、设计单位、分包商、物资供应商等参建主体，信息沟通的形式复杂，所以容易出现信息不对等和信息延迟的问题。采用建筑信息技术的科学理念和方法，项目单位自主研发并不断完善建筑信息建模的数字化技术施工体系，与配套的建筑信息数据管理平台结合，运用于工程项目各环节，实现了工程项目全过程数据化控制。在项目前期实现装饰构件的准确下单，由传统流水施工变为平行施工，工期缩短 1/3。配合现场三维精确定位技术、构件工厂数控加工和数字化施工检验技术，提高专业交叉作业效率 30% 以上，预制构件的比例提高到 80%。最终工程效果获得了社会各界人士的认可。机场于 2019 年 9 月 30 日正式启用，为祖国的 70 周年生日献礼。

（a）北京大兴国际机场效果图

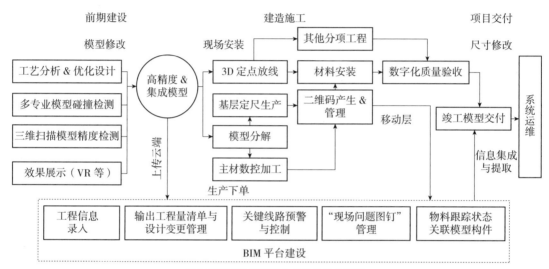

（b）建筑信息模型平台的总体技术路线

图 4-2　北京大兴国际机场建筑信息建模效果图与技术路线

建筑信息建模技术条件下的工程建造不仅是将平面图纸上的数字产品变为实体物质建造的过程，更是将产品数字化信息不断完善的过程，是建筑全生命周期内形成的一套完整的数字产品。建筑产品信息化结合了虚拟和现实，数字化模型基于计算机的可视化和信息化管理技术，模拟整个工程过程，实现对现实情况的信息驱动与管控。在这种数字化建造模式下，各类软件提供的前后端要实现数据的不断交互、转换和共享，需要将各类工作成果/工程数据从一个软件完整地导入到另外一个软件，这个过程可能反复出现。由于工程数据信息的交换与共享涉及的软件系统很多，是一个很复杂的技术问题，如果单纯靠手动完成，就会效率低下，质量也无法保障，在信息传递过程中很容易产生数据损失。因此需要一个标准、公开的数据表达和存储方法，让每个软件都能导入、导出这种格式的工程数据，形成建筑信息建模技术相关的数据标准和协同作业的信息平台。

4.2.1 工业基础分类（IFC）

IFC 是由互操作性行业联盟（Industry Alliance for Interoperability，IAI）提出的直接面向建筑对象的工业基础分类数据模型标准，该标准使用 EXPRESS 信息建模语言来描述建筑产品数据，提供了建筑项目全过程中对建筑构件、空间关系或组织等信息进行描述和定义的规范。编制该标准的目的是给建筑业提供一个贯穿整个建筑决策、施工运营等全过程且不依靠任何系统的数据标准，以实现建筑工程各个阶段间信息交换与共享。

现阶段 IFC 标准体系主要由数据存储 IFC 标准、信息交付手册（Information Delivery Manual，IDM）和数据信息模型视图（Model View Definition，MVD）三大标准构成，国际字典框架（International Framework for Dictionaries，IFD）作为该标准体系的补充或扩展。

IFC 标准定义了建筑构件的几何信息与非几何属性，还有这些构件间是如何关联的。其架构包括自下而上的四个层次：资源层、核心层、共享层以及领域层。提供了建筑全生命周期中对象和过程等的一系列定义。2013 年发行的正式版 IFC4 标准的层次架构如图 4-3 所示。

我国于 2022 年 2 月 1 日起颁布实施了国家标准《建筑工程信息模型存储标准》GB/T 51447—2021。该标准基于 IFC 标准体系，针对建筑工程对象的数据描述架构做出规定，便于信息化系统能够准确、高效地完成数字化工作，为建筑信息模型数据的存储和交换提供依据，也为建筑信息建模的应用软件输入数据通用格式及一致性验证提供依据。深圳是我国首个基于国际 IFC 标准建立地方建筑信息模型数据标准——《建筑信息模型数据存储标准》SJG 114—2022，再根据标准的要求开展基于建筑信息建模技术的规划设计、

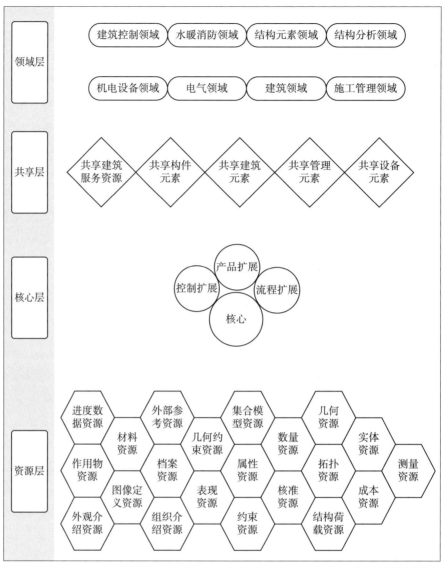

图 4-3 IFC4 标准的层次架构

施工图设计、竣工等报建的城市。

4.2.2 信息交付手册（IDM）

IDM 是一种对建筑信息交互实际的工作流程和所需交互的信息进行定义的标准。IDM 的完整技术架构由流程图、交付需求、功能部件、商业规则和有效性测试等五部分组成，其核心组件是流程图、交付需求和商业规则。

IDM 对建筑全生命周期过程中的各个工程阶段进行了明确的划分，同时详细定义了每个工程节点各专业人员所需的交流信息。IDM 的目标在于使得针对全生命周期某特定阶段的信息需求标准化，并将需求提供给软件商，与 IFC 数据标准映射并最终形成解决方案。IDM 标准的制定，使 IFC 标准真正得到落实，并使得交互性能够实现并创造价值。而此时交互性的价值将不仅是自动交换，更大的利益在于完善工作流程。

4.2.3　国际字典框架（IFD）

IFD 实际上是面向工程领域，基于 ISO 12006-3 标准建立的术语库，具有开放性、国际化和多语言的特点。IFD 库在国际标准框架下对工程术语、属性集进行标准化定义和描述。IFD 将同一概念（概念可细分为对象、活动、属性和单位）与一个全局唯一标识（Global Unique Identifier，GUID）关联，存储在全局服务器中，提供给项目各参与方访问，而这个概念可以使用多种语言或多种方式进行描述。不同国家、不同地区、不同语言体系的名称和描述都与 GUID 进行一一对应，从而保证了每个项目参与方通过信息交换所得到的信息，与该项目参与方所想要的信息一致。

IFC、IDM、IFD 构成了工程全生命期中信息交换与共享的三个基本支撑，是实现建筑信息模型价值最大化的三大支柱，其关系如图 4-4 所示。

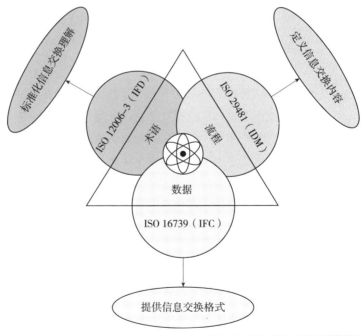

图 4-4　IFC、IDM、IFD 三者的关系

传统建筑信息建模方法是依靠人工手动创建模型,通过手动操作来控制建筑形体的变化,每一个变动都会直观地反映在模型中,具有很强的工程操作性。利用这种方法建立的 BIM 模型,其大部分参数都是通过赋值的方式输入模型,可以灵活地调整修改,很适合传统的制作模型或绘制图纸的思维方法,比较适合常规建筑形体。但其不足之处是形体生成的过程相对比较复杂,一旦方案发生变动,就需要进行大量的调整操作,因此不太适合异形体模型的建立。

区别于传统建模方法,参数化建模的基本原理是将控制建筑形体生成的因素都转为函数变量,将建筑形体生成逻辑转为算法或者函数关系,通过改变函数变量来驱动算法以生成各种建筑形体,其关注点不在于几何形体本身,而是控制几何形体生成的逻辑规律。就异形曲面来说,其建模过程主要是建立一个逻辑算法,将所需要的函数变量写入算法中,驱动算法程序生成不同的曲面形式。参数化建模的根本目的在于建立同一类具有共同特点的几何形体,而不是针对某一特定几何形体进行设计,通过修改控制参数,可以得到多种相似而不相同的几何体,便于后期的深化与实施。利用参数变量和算法程序来生成三维模型,相较于传统手动建模来说更加精确,建模速度更加快捷,能够实现模型随时联动,大大提高建模效率。参数化建模基本步骤可以分为模块化拆分与组合、参数化逻辑构建、建立参数化"族"库、建筑信息模型集成。

4.3.1　模块化拆分与组合

模块化的概念最早源于 20 世纪制造业设计的提出。生产过程中为了提高工作效率,选择将复杂问题分解为不同层级的若干模块,每个模块独立完成不同的工作,最后集合形成一个整体。这就是模块化思想。将模块化的理念应用到建筑中,即模块化建筑,本质是依据功能而细致划分出不同的建筑空间,然后在高层级的单元内重新组织相对独立的建筑功能模块,最终由细化的单元模块不断组合出新的建筑整体。这种设计模式可以让设计师将业主的个性化需求与所追求的标准化设计结合为一个有机的整体,同时提高了设计效率。

另一方面,建筑信息建模技术通过记载大量数据信息的模型对实际工程项目进行把控,大幅度提升建设工程项目的信息化水平,减少潜在的建设风险。建筑信息模型对信息的高度集成与模块化的思想非常类似。

利用建筑信息建模技术进行建筑模块化设计时的首要问题之一,就是如何从建筑中拆分出单元模块。所谓单元模块,就是根据业主及各设计参与者提出的具体设计要求所形成的基础空间单元模块,可以为了适应不同人群的功能需求而组合成截然不同的空间形式。通过模块化拆分，可以将整个建筑系统的使用功能拆解为若干低层级、单元化的基础空间模块，便于充分发挥建筑信息建模技术的协同设计功能和全周期管理。模块化拆分涉及的主要概念和内容包括：

（1）模数协调　模块单元拆分的前提是标准化。根据不同使用者的需求定制出匹配的模数和协调原则至关重要。由于使用者的需求差异，建筑模块单元应考虑功能布局多样性和模块单元之间的互换性和相容性，需要在两种不同模块单元之间建立一定的模数关系来达到协作生产的目的。

（2）单元空间模块的拆分　主要分为平面化拆分和单元化拆分两种。平面化拆分中的模块单元一般指的是建筑物的墙、楼板等建筑构件；单元化拆分的模块单元就是建筑物的空间单元，如设计成型的建筑房间，如图 4-5(a) 所示。

（3）平面模块单元组合　建筑的最终形成，需要将各个拆分下来的单元空间模块按相互联系拼接整合为一个建筑单体，即"接口"的相关问题。"接口"的类型可以分为重合接口和连接接口两类。重合接口指的是不同单元空间模块之间的连接部分构件相同，连接接口则是单元空间模块之间连接的构件不同，还需要通过其他构件将他们连接在一起。在不同的领域中，重合接口所指代的建筑构件也不同，例如在建筑领域，重合接口一般指内墙、隔墙等，而结构户型中的重合接口一般指剪力墙、暗柱等。

（4）标准层设计　标准层设计是指将单元空间模块通过附属构件相互结合从而组建出标准统一的建筑平面模块单元的过程，同时需完善楼层相关辅助功能部分，如图 4-5（b）所示。

（5）立面模块单元组合　在平面模块单元组合的基础上，通过不同材料、色彩的排列组合多样化立面模块单元组合的方式，丰富建筑的外形、体量，更好地与周围的环境融合。

4.3.2　参数化逻辑构建

明确的参数化建模思维逻辑对于参数化建模至关重要。参数化逻辑的构建能够指导设计者逐步集成碎片化的建筑参数信息为高度整合的参数化模型，并逐步固化概念意向为实际成果。参数化逻辑构建通常来源于两种思维导向：基于概念推理的参数化建模逻辑构建、基于原型演化的参数化建模逻辑构建。

1）基于概念推理的参数化逻辑构建

在建筑参数化设计的概念阶段，设计者基于现有的场地环境、地理信息

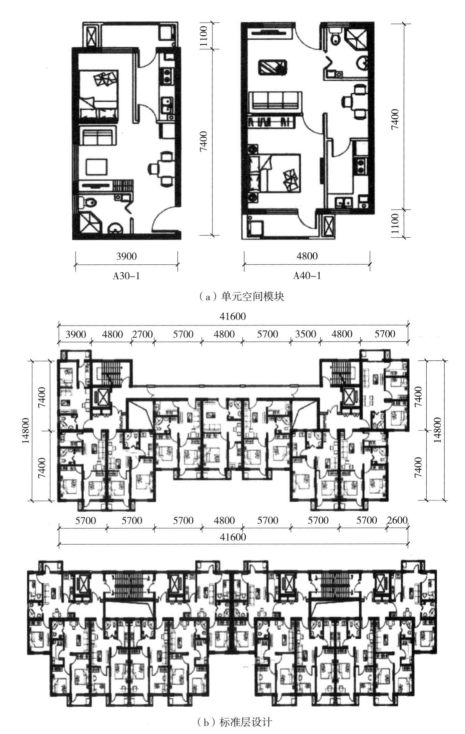

（a）单元空间模块

（b）标准层设计

图 4-5　模块化拆分

和人群行为等要素，通过参数化手段，从建筑功能、流线以及景观等方面实现建筑设计与环境信息的互动。建筑的整个系统没有预先指定的主导个体，从而确保建筑系统可以随时间逐步迭代，呈现动态和自组织的特性。此参数化逻辑构建原理与复杂系统理论紧密相关，因此在参数化非线性建筑设计中得到广泛应用。基于概念推理生成的设计可以建立系统内元素之间的相互联系与影响，这是对"自下而上"的建筑设计策略的重要拓展。

以基于弗雷奥托的羊毛线实验的参数化模型建构为例，图4-6为某建筑设计场地分析图，其中包括设计者划分的两条内部轴线、主要人流方向以及场地周边道路和出入口状况。设计者希望通过参数化手段对场地内部的人流路径进行建模，使内部流线响应人流方向和场地轴线等信息，进而作为后续设计的基石，建立建筑多层级信息参数之间的对应关系，挖掘可直接提取并进一步深化处理的信息参数。

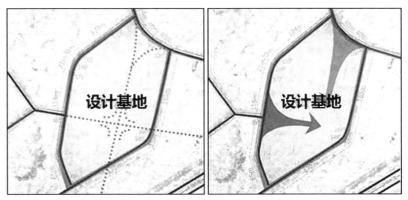

图 4-6　某建筑设计场地分析图

图4-7为羊毛线实验示意图，设计者基于初步设计概念确定了场地平面中各出入口的位置，进而拆解出包括出入口位置、各出入口的人流量以及场地边缘位置对路径生成的限制信息，利用上述信息进行参数转换，实现人流路径的参数化建模。

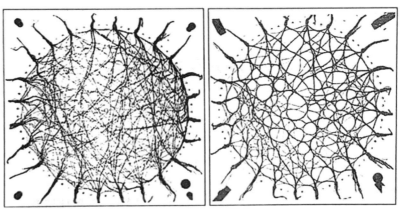

图 4-7　羊毛线实验示意

对建筑信息的参数化建模能够提升设计者对多元建筑信息数据结构的编辑和管理能力；对建筑信息的分析过程促使设计者考量建筑信息对建筑设计场地及周边环境的影响方式，并将场地与周边环境参数整合到参数化建模过程中；对参数化模型生成逻辑的优化过程可以推动设计者思考建筑信息映射关系是否符合设计概念、建筑信息体系是否完善、建筑设计成果是否合理。

在实践案例中，设计者对基于场地出入口要素、轴线等要素信息参数化设计流程进行梳理，完善了信息结构之间的数据映射关系。同时，对于场地基础信息的二次分析过程有助于拓展场地设计影响要素，提高场地设计的合理性，如增加考虑建筑高层塔楼对人流的吸引作用。设计结果如图4-8所示。

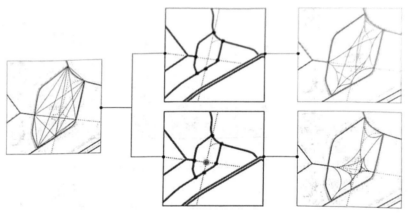

图4-8 设计结果

2）基于原型演化的参数化逻辑构建

基于原型演化的参数化逻辑构建，是一种通过借鉴和发展既有原型的方法来展开建筑参数化建模的途径。原型包括生物原型、物理原型和空间几何关系。实现非线性逻辑建构的重要途径之一是借鉴生物原型的生长规则，通过算法模拟生物的自组织特性。生物体和生物系统自组织形成复杂的有机结构形态，符合特定的构成规则并适应环境和功能需求，可作为具有有机特征和适应性的建筑雏形参考，使建筑形态更加灵活、复杂和符合功能需求；物理学概念如引力、斥力、场和粒子系统等，强调系统内个体之间存在一定规则的相互影响，帮助设计师模拟和调整建筑元素之间的空间关系，实现对复杂系统的有效建模和设计；空间几何关系也是参数化逻辑构建的一类重要参考，视线、日照、空间构成、功能组织、结构体系构造等问题都有可能用几何关系来进行描述，常见的算法生成途径是从这些问题中抽取特定的几何关系，组织空间中的元素生成形体。

以丹麦 BIG（Bjarke Ingels Group）建筑师事务所设计的哈萨克斯坦阿斯塔纳国家图书馆为例。该建筑采用了一个连续循环的莫比乌斯环作为设计基础，由圆形和公共盘旋空间两部分组成。图4-9展示了建筑如何将水平功能空间转化为垂直空间，包括垂直空间等级、水平连接和斜向视线的穿插，展现了方案生成过程及线性功能空间与无限循环空间的糅合。

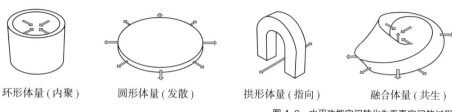

环形体量（内聚）　　　圆形体量（发散）　　　拱形体量（指向）　　　融合体量（共生）

图4-9　水平功能空间转化为垂直空间的过程

任何系统的设计与运行都蕴含着潜在规律，参数化设计基于建筑系统组织规律，分析系统设计条件，解构参数化设计，找出相似元素变化和同类元素组合规律，将其简化、抽象为数学原型，提出系统的关键影响要素。哈萨克斯坦阿斯塔纳国家图书馆的表皮设计充分体现了上述流程，如图4-10所示。

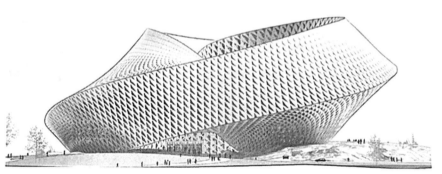

图4-10　哈萨克斯坦阿斯塔纳国家图书馆的表皮设计

设计者需要梳理各类型相关的数学原理，判断影响要素，反推建模相关要素。在哈萨克斯坦阿斯塔纳国家图书馆实例中，设计者反推得出了建筑窗洞受影响原型，如各窗洞的第一端点向对角线方向的缩进比例，该参数与窗洞尺寸正相关；设计者可通过窗洞尺寸变化，判断其影响要素的变化趋势。

在逻辑完善阶段，设计者应系统整理可能实现设计结果的多种思维逻辑，使"无参数约束基础模型"逐步演化为"有参数约束全局模型"的系统思维逻辑，探索多种逻辑相互融合的可能性。适当地整合相关逻辑概念，有利于使参数化建模逻辑与主观设计概念、具体设计要求相吻合，而多种影响要素的整合设计有利于拓展参数化建模逻辑思维。

4.3.3 建立建筑参数化"族"库

建筑参数"族"库一般指建筑模型存储库，这是一种服务器或数据库系统，可以汇集并改进工程文件的管理和协调。对它的基本要求包括：①用户控制存取管道和不同级别模型粒度的读取、写入、创建功能。模型获得的颗粒度是很重要的，因为它代表多少的模型数据需要被保留以便用户对其进行修改；②让用户与工程文件信息相关联，可以使用户参与、存取追踪，以及协调工作流程；③将所有原始数据模型读取、存储、写入平台，也包括其他各种建筑信息建模工具所使用的衍生数据模型；④将所有原始数据模型读取、存储、写入到建筑数据模型，用于一些交换工作和案例管理；⑤支持产品数据库，用于在设计或加工制造细化阶段，将产品实体集成到建筑信息模型中；⑥管理对象实体，并根据交易规则读取、写入及删除它们；⑦支持存储产品规格和产品维修及服务信息，用于将竣工模型交付于业主管理；⑧存储电子商务资料，并将成本、供应商、订单装运清单等连接到建筑信息模型的应用工具中；⑨提供终端用户模型交换能力，比如 Web 存取、文件传输和 XML 交换等；⑩管理非结构化的沟通形式，包括电子邮件、电话记录、会议记录、列表、照片、传真及录制等。

所有建筑模型存储库都需要支持存取、控制信息所有权，它们需要支持其应用软件领域所需要的信息范围。根据不同功能，建筑信息模型的服务器面临的市场至少有三种：①设计—建造—施工市场，这是核心市场，面向工程项目，需要支持使用范围广泛的应用软件，并能支持更新管理和同步化；②特定的生产—管理市场，主要应用于工程订单涉及的产品，如钢结构、幕墙、自动扶梯和其他特定项目的预制单元，这个市场必须追踪多个工程项目，并促进这些项目之间的协调，类似于小型企业产品生命周期管理系统（Product Lifecycle Management，PLM）的市场；③设备或系统运维市场，如通过多种传感器对设备运营状态进行即时检测，需要其具备覆盖设备生命周期的长期监测能力。

未来十年，这些市场将逐渐成熟，以反映建筑信息模型的服务器不同的用途和功能，负责管理不同类型的数据。上述三种市场用途中的第一种无疑是最具挑战性的，因为涉及许多不同的应用软件或工具。在实际操作中，每一个参与者和应用软件可能并不满足建筑物设计和施工的完整性，每个参与者仅对建筑信息模型的子集进行操作，即定义用于建筑模型的特定视图，图纸也是进行局部划分。建筑信息模型的服务器将在产生同步化的地方以模型视图作为规范。

实际建筑模型存储库的工作流程比较复杂，要使用不同的建筑信息建模工具和适当的格式储存和重建原始工程文件，以获取所需的数据和信息。如果要重建符合应用软件所需的原始数据格式，除了极少数状况以外，以中性文件的格式交换是不合适的。因此，任何中性格式的交换信息，如IFC数据模型，必须由建筑信息建模工具生产的原始工程文件来增强或产生关联。

4.3.4　建筑信息模型集成

建筑信息建模技术的信息集成的最终要求是涵盖工程全生命周期所有的数据信息。但数据信息的积累是和工程项目建设的不同过程紧密相连的，从工程勘察设计开始到产品运营管理，直至建筑报废，是一个漫长的过程。每个阶段都会产生相应的数据信息，随着过程的推进，数据信息也在不断积累，保持螺旋式上升，最终形成全信息模型。因此，从实用的角度看，针对特定的某一阶段的数据信息集成更容易实现。例如，在建筑结构设计阶段，形成建筑结构信息模型；在施工和工程管理阶段，形成施工管理信息模型；在运营管理阶段，形成运营管理信息模型等。需要注意的是，对于一个工程项目而言，模型越多越不利于信息统一集成与共享。目前看，现有建筑信息模型的信息集成具有不同的模式：单一模式和分散模式。单一模式是实现工程信息集成的理想方法，但该模式的灵活性较差。另外，目前还有介于上述两种模式之间的共享模式等方法，如图4-11所示。

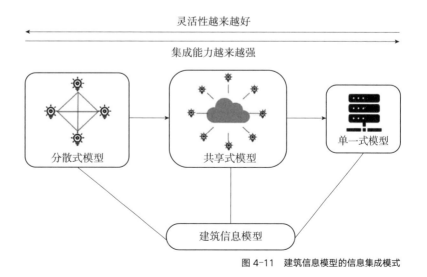

图 4-11　建筑信息模型的信息集成模式

一项工程的实施是极其复杂的过程，除了涉及众多参与专业以外，数据信息来源广泛，结构格式迥异，不同阶段的不同专业对于数据信息的需求也不同。因此，分阶段建立相应的建筑信息模型较为合理，也有助于解决信息集成过程中的关键技术。图 4-12 为基于 IFC 标准的分阶段建筑信息建模技术框架，即按时间维度，从项目规划到设计、施工、运营等不同阶段，针对不同的应用建立相应的子信息模型，各阶段通过对上一阶段数据信息的提取、扩展和集成，形成本阶段的信息模型。另外，在内容层级上，该框架是一个包括数据层、模型层、应用层的网络结构体系。数据层利用工程数据库技术存储和管理所有建筑模型数据；模型层是通过一个建筑信息数据集成平台，实现 IFC 各阶段的模型数据读取、保存、提取、集成、验证和三维显示，同时针对工程生命周期的不同阶段和应用，生成相应的子信息模型；应用层是通过网络技术支持项目各参与方分布式的工作模式，基于相应阶段的子信息模型，获取所需要的数据信息，支持基于建筑信息建模技术的各种应用系统的数据信息交流与共享。

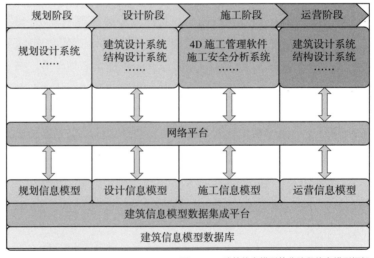

图 4-12　建筑信息模型的分阶段信息模型框架

信息（数据）交换是建筑信息模型集成最为基本的手段之一。不同软件使用的数据模型可能千差万别，一般数据接口就像是做不同语言之间的翻译工作，很难做到数据模型间的精确转换。另外，不同软件的应用目的也不同，包含的信息和数据也不尽相同。因此，针对不同来源信息的有效集成需要一种统一的交换格式。建筑信息建模过程中的信息互换协作即指不同应用工具之间具备信息交换的能力，能够促进工作流程变得顺畅，并加速协同工作的自动化。在基于二维的 CAD 年代，信息共享仅限于几何数据的文本交换格式，如图形交换格式（Drawing Exchange Format，DXF）和初始图像交换规范（Initial Graphic Exchange Specification，IGES）等。从20世纪80年代末开始，陆续开发出数据模型用于不同企业之间产品模型信息的交换，并形成了本书4.2.1节提到的IFC，即当前工程行业主要的信息交换标准。

如何实现轻松、可靠、即时的信息交换是使用者最关心的问题。一般情况下，不同软件或应用工具之间的信息交换是基于两种模式，如图4-13所示。结构化查询语言（Structured Query Language，SQL）是高级的非过程化编程语言，允许用户在高层数据结构上工作，该种语言基本上不受数据库类型，以及所使用的机器、网络、操作系统等限制。基于结构化查询语言的数据库管理系统（Database Management System，DBMS）产品可以运行在从个人机、工作站到基于局域网、小型机和大型机的各种计算机系统上，具有良好的可移植性。此外，前文提到的EXPRESS信息建模语言也是一系列数据建模技术架构的基础，包括IFC、CIS/2等不同的交换模式。

另一大类交换模式由可扩展标记语言（Extensible Markup Language，XML）支持，可对应不同软件之间多种类型信息的交换。建筑行业使用XML结构的交换模式包括建筑自动化和控制网络（Building Automation and Controlnet works，BACnet）、自动化设备信息交换（Automating Equipment Information Exchange，AEX），以及城市地理标记语言（City Geography Markup Language，CityGML）、地理信息系统（Geographical Information System，GIS）等，其中GIS可用来表示建筑、城市规划、紧急服务和基础设施规划方面的信息交换。

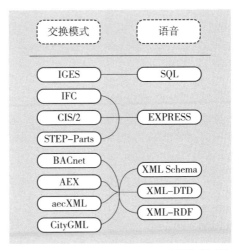

图4-13　不同交换模式和语言

根据交换模式和语言规模的分类，交换可以分为以下三种主要方式。

（1）使用应用程序接口（Application Programming Interface，API）直接连接　有些软件具有专用界面，比如 ArchiCAD 的 GDL、Revit 的 Open AP 或 Bentley 的 MDL。直接连接通常在程序应用界面实现，一般依靠 C++ 或 C# 程序语言。这种界面可使建筑模型得以被建立、导出、修改、检查、删除等。软件开发公司通常比较愿意提供特定的界面用于直接连接或特定交换，这是因为可以有更好的数据支撑，界面也可以紧密地结合，比如将一些分析工具直接嵌入到设计软件中来支撑用户某些特定的需求。

（2）专属的交换格式　这种交换格式是由商业性公司所开发的文本或串流界面，一般用于公司内部不同软件之间的信息交换。交换模式可以公开也可以保留为公司商业机密。建筑行业最知名的专属交换格式是由前文提及的 Autodesk 所定义的 DXF 数据交换格式，其他专属的交换格式包括 ACIS 所定义的标准 ACIS 文件格式（Standard ACIS Text，SAT）、3D Systems 所定义的立体光刻格式（STereoLithography，STL）等，这些格式都有各自的具体用途，用于处理不同种类的几何体。

（3）公开的数据模型交换格式　该种交换格式主要使用一个开放的和公开管理的模式和语言，如前文所提及的 XML。一些数据模型支持 XML 交换，如 IFC、CIS/2、工业自动化系统与集成的数据交换标准 ISO 15926 皆是公开的数据模型交换格式示例。

4.4.1　本章难点总结

本章介绍了两种主要的碳中和建筑信息建模科学方法。首先概述了发展建筑信息建模技术标准的目的与意义，然后重点讲解了 IFC、IDM 和 IFD 等三种主要的建筑信息建模技术标准，包括这些标准产生的背景、定义和主要内涵；然后介绍了传统建筑信息建模方法和建筑参数化建模方法之间的区别。再围绕参数化建模，按照模块化拆分与组合、参数化逻辑构建、建立参数化"族"库、建筑信息模型集成等四个基本步骤，突出了建筑信息建模科学方法的关键内容。

4.4.2　思考题

1. 建筑信息建模的技术标准有哪些？你如何认识这些标准？

2. 什么是 IFC 标准？其目标是什么？

3. 简述 IFC 标准的数据模型结构。

4. 什么是 IDM、IFD？它们与 IFC 之间有什么关系？

5. 什么是参数化建模？其主要特征是什么？

6. 为什么建筑信息模型会采用参数化建模形式？

7. 请结合所学知识阐述传统基于二维图纸的设计和施工方法是否会因为建筑信息建模技术的出现而失去其作用呢？

8. 建筑行业数据信息的特点是什么？其中的信息集成方法有哪些？

第 5 章

碳中和建筑信息建模技术工具

本章主要内容及逻辑关系如图 5-1 所示。

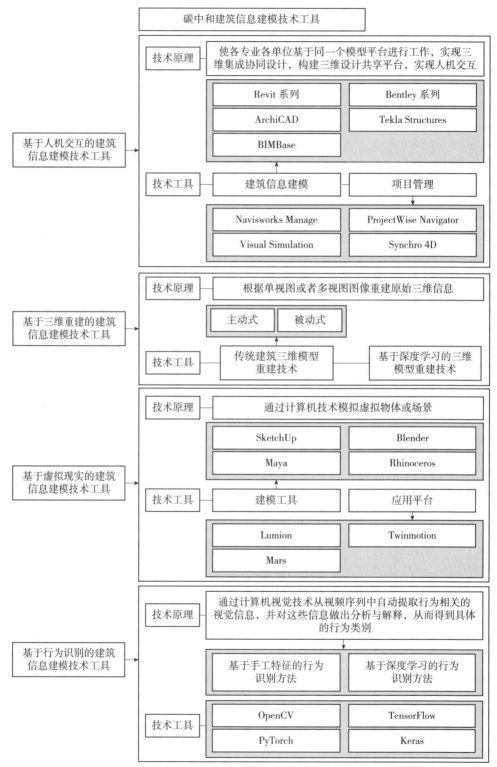

图 5-1　本章主要内容及逻辑关系

5.1 概述

建筑信息建模技术的发展离不开一套行之有效的支持软件和平台，软件平台是建筑信息模型的技术支撑。实际上，建筑信息建模技术正是通过一系列的软件平台来实现对建设工程项目的全生命周期把控，包括建筑和结构设计、可持续分析、造价管理、模型检验、运维管理和可视化分析等。建筑信息模型的软件平台根据用途可大致分为设计类软件和施工类软件，它们基本上都采用参数化建模方式，方便实现数据共享；都具有多类型的数据传输接口，支持 IFC 标准；都支持多样化的成果输出。

三维重建技术是经过对目标场景数据采集、预处理、点云配准与融合、表面生成等过程，将现实目标场景转化成符合计算机逻辑运算表达的数学模型的技术。点云作为一种三维空间数据表示形式，将物体或场景表达为大量离散的点，由于其高精度、高分辨率、直观、灵活等优势，是建筑物三维重建过程中的重要概念。在实践中建筑物的三维重建存在数据获取的难度大、数据处理复杂等困难。研究单体化、结构化、高精度的建筑物三维模型自动化重建算法和工具具有重要的应用价值。

虚拟现实（简称 VR）技术是利用计算机模拟产生的三维空间虚拟世界，提供给用户关于视觉、听觉、触觉等感官的模拟，让用户有如身临其境般，实时且没有限制地观察该空间内的事物。当用户进行位置移动时，计算机还可通过仿真运算，将精确的三维世界视频传回产生临场感。虚拟现实技术继承了计算图形、计算机仿真、人工智能、感应、显示及网络并行处理等技术的最新成果。近年来建筑信息建模技术和虚拟现实技术通过集成，在建筑设计和建造领域内发展迅速，技术工具之间的融合互通也日益成熟。

随着建筑信息建模技术的发展，可实现建筑虚拟环境的构建，集成各项零散的能耗影响因素，包括设计信息、施工信息和运营阶段用户用能信息，已成为一种全新的建筑设计和管理思路。在设计阶段，建筑信息模型为设计人员提供全面的建筑信息，进行能耗和降碳设计和预测，对提高能耗和碳排量预测的准确性和制定有效的节能措施具有重要的意义。目前看，设计信息、施工变更信息与运营阶段用户行为信息的不足，是导致设计能耗和碳排量预测值与实际存在差距的主要因素，其中对能耗预测影响最大的属于运营阶段用户行为。用户行为直接导致室内人员数的变化，也是导致室内设备开启、热湿散发等室内环境动态变化的主要因素之一。与此同时，用户行为又具有一定的规律性、不确定性和随机性。近年来伴随着人工智能技术飞速发展，计算机视觉作为人工智能的重要分支领域，获得了大量关注和研究。行为识别任务是计算机视觉的一个重要研究方向，也取得了突破性进展。了解相关的技术工具对拓展建筑信息建模技术具有重要的应用价值。

5.2.1　技术原理

在传统的 CAD 设计过程中，设计工作者脑海中所构思的是建筑的三维形式，最终的设计结果也是对建筑三维形式的表达。但由于技术的限制，设计的主要方法是选择二维的图形并加以文字的表达来传递实际建筑的三维信息。随着技术的进步和发展，目前在设计阶段，已经实现了建筑信息的三维表达形式，或基于初期阶段的建筑信息建模技术实现了建筑设计信息的数字表达，但二维图形和文字表达来传递设计信息仍是设计者主要选择的方法。为此，设计者不得不改变自己的思维方式，去制订相关的二维工程制图设计标准，去熟悉大量的二维投影表达规则。很明显，这种设计方法不利于设计信息的传递，且容易产生歧义和错误，更不利于不同专业之间信息的有效交换，人为地制造了各种信息孤岛。

近年来，随着建筑信息建模技术快速地发展和应用的深入，传统的二维CAD 技术已经失去其优势，基于人机交互的建筑信息建模和协同设计正在成为建筑业信息化发展的标志。从协同设计的角度来看，建筑信息模型是一种三维模型的信息数据库，在技术上非常适合于协同工作的模式。建筑信息模型使各专业基于同一个模型平台进行工作，从而使真正意义上的三维集成协同设计成为可能；同时，由于建筑信息模型应用于工程项目的全生命周期，从而为设计和施工企业、开发商、物业管理公司以及各相关单位之间的合作提供了良好的协同工作基础。另外，建筑信息模型平台还集成了材料信息、工艺设备信息、项目进度及成本信息等，这些信息的引入将各专业间的协同提升到更高的层次。

建筑信息模型助力协同设计的核心是构建三维设计共享平台，建立这样一个共享平台需要有良好的设计管理软件的支持。但是，仅仅依靠一个设计管理软件很难真正实现协同设计，设计管理平台只是一个工具，发挥其作用的关键是如何真正实现人机交互。

首先，建筑信息模型与协同设计结合的过程中，人机交互体现在信息的获取上，包括：①在协同过程中由软件传输、为设计人员所被动接受的信息，如下游专业参照了上游专业的设计信息，当上游专业修改设计信息时，协同设计平台将促使下游专业修改参照内容；②由设计人员自己主动得到的信息，如上游专业将设计资料置于设计管理软件，下游专业从软件中获取资料。在设计实践中信息的获取通常是上述两种方式的结合。

另外，在基于建筑信息建模的协同设计过程中，通常存在以下两种人机交互的工作模式：①异步协同设计。这是一种松散耦合的协同工作，多个设计人员在分布集成的平台上围绕共同的任务进行协同设计，但各自有不同的工作空间，可以在不同的时间内开展工作。②同步协同设计。这是一种紧密耦合的协同工作，其特点是多个协作者在相同的时间内，通过共享工作空间进行设计活动，并且任何一个协作者都可以迅速地从其他协作者处得到反馈信息。由于建筑工程设计的复杂性和多样性，单一的同步或者异步协同设计模式都无法满足其需求。大多数情况下，由于同步协同设计模式需要解决网上高速实时传输模型和设计意图、需要有效地解决并发冲突、需要在线动态集成等诸多问题，所以实施起来难度要大得多。事实上，在基于建筑信息建模的协同设计过程中，异步协同设计与同步协同设计模式往往交替出现，不同专业间的协同工作常采用异步协同设计模式，同一专业内会采用同步协同设计模式。单纯对于建筑信息建模来说，会更希望采用同步协同的设计模式，即利用共享工作平台进行并行设计。

综上所述，基于人机交互的建筑信息建模技术，不只是设计表现形式的变革，同样带来了协同模式的变革。因为建筑信息模型有数据库的支撑，对于协同设计来说，就会有更多、更好的信息支持，而对数据的处理也可以更加灵活，会有更好的冲突解决方式。

5.2.2 技术工具简介

基于人机交互的建筑信息建模技术的实现需要一系列软件支撑，比如 Revit 系列软件、Bentley 系列软件、ArchiCAD 软件、Tekla Structures 软件、BIMBase 软件等。

1）Revit 系列软件

Autodesk 公司的 Revit 系列软件占据了最大的市场份额且是行业领跑者，主要包括：Revit Architecture（建筑设计）、Revit Structure（结构设计）和 Revit MEP（机电管道设计）。

（1）Revit Architecture 是为建筑设计师提供的建筑信息建模设计软件，能够帮助设计师捕捉和分析早期设计构思、在从设计到施工的整个流程中更精确地保持设计理念。软件利用包含丰富信息的模型来支持可持续性设计、施工规划与构造设计，帮助设计师做出更加明智的决策，自动更新功能可以确保设计与文档的一致性与可靠性。Revit Architecture 可以帮助设计师促进可持续的设计分析，自动交付协调一致的文档，加快创意设计进程，进而获得强大的竞争优势。

（2）Revit Structure 是为结构设计师提供的建筑信息建模设计软件，拥有结构设计与分析的强大功能。Revit Structure 将多材质的物理模型与独立、可编辑的分析模型进行了集成，可实现高效的结构分析，并为常用的结构分析软件提供了双向链接。它可以帮助工程师在施工前对建筑结构进行更精确的可视优化，从而在设计阶段的早期制订更加合理的方案。Revit Structure 可帮助结构工程师提高编制结构设计文档的多专业协调能力，最大限度地减少错误，并能够加强结构工程师团队与建筑师团队之间的合作。

（3）Revit MEP 是为机电工程师提供的建筑信息建模设计软件，MEP 即机械、电气、管道三个专业英文首字母的缩写。Revit MEP 通过数据驱动的系统建模和设计来优化建筑机电与管道系统，最大限度地减少设备专业设计团队之间，以及与建筑师和结构工程师之间的协调错误。此外，它还能为工程师提供更好的决策参考和建筑性能分析，促进可持续性设计。

综上，Revit 作为建筑信息建模的一个设计工具，具有友好易学的操作界面，且开发了非常广泛的对象库，便于多用户在同一项目中并行工作。但对于管理较大工程项目信息，Revit 的运行速度可能变慢，且参数化定义有一些限制，只能支持有限的复杂曲面，缺少对象层次的时间记录，尚未完全提供建筑信息建模环境中所需要的完整对象管理。图 5-2 为利用 Revit 开展广东省某办公大厦装饰装修项目的案例。选取装饰方案重点空间进行精细化建模，生成效果图和施工模拟动画，同时将模型导入 Revit 的装饰装修项目建筑信息模型管理平台，对工程安全、技术、施工及监管人员进行有效的可视化技术交底，实现数字化管理、信息共享，从而达到降低运营成本、提高工程质量的目的。

2）Bentley 系列软件

Bentley 公司的建筑信息建模技术在业界处于领先地位，他们提供了各种软件来解决建筑行业各个阶段的专业问题。Bentley 根据各个专业的需要，为工程对象的全生命周期提供量身打造的解决方案，每个解决方案都由构建在开放平台上的集成应用程序和服务构成，旨在确保各工作流程和项目团队成员之间的信息共享，从而实现互用性和协同合作。Bentley 系列软件主要包括：

（1）Bentley MicroStation 是专为公用事业系统、公路、铁路、桥梁、建筑、通信网络、给水排水管网、采矿等各种基础设施的设计、建造、施工和

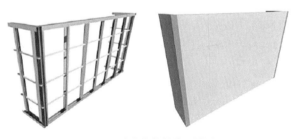

（a）固定装饰构件施工详图

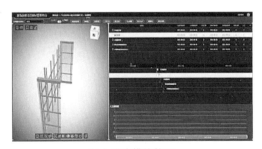

（b）进度模块管理

图 5-2　Revit 软件界面

运维而开发，它既是一款应用软件，也是一个技术平台。可通过三维模型和二维设计实现虚实交互，确保生成值得信赖的交付成果，如精确的工程图、内容丰富的三维绘图。它还具有强大的数据分析功能，可对设计进行性能模拟，生成逼真的渲染效果和动画。此外，MicroStation 还能整合来自各种 CAD 软件和工程格式的几何线形和数据，确保用户与整个项目团队实现无缝化工作。另外，作为适用于 Bentley 和其他软件供应商特定专业应用程序的技术平台，MicroStation 提供了功能强大的子系统，可保证几何线形和数据集成的一致性，并可增强用户在设计、建造施工、模拟等不同程序组合应用方面的体验，使跨领域团队通过数据共享的软件组合受益。

（2）Bentley ProjectWise 是专门针对基础设施项目的建造、施工、运维进行项目协同工作及工程信息管理软件。Bentley ProjectWise 为工程项目内容的管理提供了一个集成的协同环境，可以精确有效地管理各种建筑设计、建造施工等各部门的文件内容，并通过良好的安全访问机制，使项目各个参与方在一个统一的平台上协同工作，帮助团队提高工程质量、减少返工并确保项目按时完成。ProjectWise 还可针对分布式团队中的实时协作进行优化，将各参与方工作的内容进行分布式存储管理，并且提供本地缓存技术，这样既保证了对项目内容的统一控制，也提高了异地协同工作的效率。

（3）Bentley AssetWise 是一个专门开发的资产信息管理平台，目的是确保资产运营的安全性、可靠性和合规性。该软件基于二维或三维智能基础设施模型和点云功能，以及工程信息和资产性能管理功能，有助于业主在基础设施全生命周期内管理资产。这一可视化的工作流程同时支持现有和旧有运营，有助于消除资本支出和运营支出之间的脱节，还能为资产的运营性能及安全性能提供可持续的业务策略。

综上，Bentley 的优势是提供了非常广泛的建筑建模工具，几乎可以辅助建筑行业的各个方面。它支持复杂曲面的建模，包括多个支持层面，用以自定义参数化对象。对于大型工程，Bentley 提供了许多参数化对象用以支持设计，并提供多个平台和服务器用于支持协同工作。图 5-3 为基于 Bentley

（a）房屋设计模型　　　　　　　　　　（b）结构体标注数据交互界面

图 5-3　基于 Bentley 平台的铁路房屋结构设计

平台二次开发完成的铁路房屋结构设计，提升了建筑信息建模设计成果向施工、运维阶段的传递效率。

3) ArchiCAD 软件

Graphisoft 公司的 ArchiCAD 是历史最悠久且至今仍被应用的建筑信息建模软件，它与一系列软件均具有互用性，包括利用 Maxon（一种专业的三维建模、动画、模拟和渲染软件）创建曲面和制作动画模拟、利用 ArchiFM 进行设备管理、利用 SketchUp 创建模型等。此外，Graphisoft 公司一直致力于绿色环保方面的持续创新，ArchiCAD 与一系列能耗与可持续发展软件都有互用接口，如 Ecotect、Energy+、ARCHIPHISIK、RIUSKA 等。ArchiCAD 还提供了广泛的对象库供用户使用。

在设计方面，设计者使用 ArchiCAD 可以自由地建模和造型，在恰当的视图中轻松创建想要的形体，轻松修改复杂的元素。ArchiCAD 可以使设计者将创造性的自由设计与建筑信息模型高效地结合起来，有一系列综合的工具在项目相关阶段支持这些过程。ArchiCAD 在本地建筑信息建模环境中通过新的工具引入了直接建模的功能，整合的云服务帮助用户创建和查找自定义对象、组件和建筑构件，来完成他们的建筑信息模型。

在文档创建方面，设计者使用 ArchiCAD 能够创建三维建筑信息模型，一些必要的文档和图像也可以自动创建。为了更好地交流设计意图，创新的三维文档功能使设计者能够将任意视图作为创建文档的基础，并可添加标注尺寸、甚至额外的二维绘图元素。ArchiCAD 为改造和翻新项目提供内置的建筑信息模型文档和工作流，以便设计者更好地完成上述项目。ArchiCAD 的视图设置能力、图形处理能力以及整合的输出功能，确保了打印或保存一个项目的各项图纸集不需要花费额外的时间，而这些成果都来自同一个建筑信息模型。

在协同工作方面，Graphisoft 公司的建筑信息模型服务器采用 Delta 服务器技术，客户和服务器之间只传送变更后的元素，平均数据包的大小随之减小，大大降低了网络流量，使得团队成员可以在全球任意地点通过标准互联网链接，在建筑信息模型上实现实时协同工作。同时，ArchiCAD 创建的三维模型，通过 IFC 标准平台的信息交互。可以为后续的结构、暖通、施工等专业，以及建筑力学、物理分析等提供强大的基础模型，为多专业协同设计提供有效的保障。

综上，ArchiCAD 具有直观的操作界面，包含广泛的对象库，可用于设计、建筑系统、设施管理，协同工作等，可以有效地管理大型工程项目。图 5-4 为基于 ArchiCAD 平台，建立了污水处理厂的水工艺参数化图库和构筑物参数化建模插件，用于给排水构筑物的深度设计。但 ArchiCAD 在自定

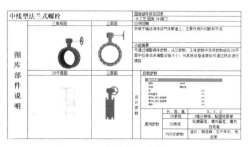

（a）基于设备样本的参数化构件

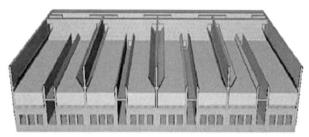

（b）车间剖切轴侧模型视角下的三维模型

图5-4 基于ArchiCAD平台的污水处理厂建筑信息建模设计

义参数建模上尚有一些局限，遇到大规模项目时也会出现运行速度缓慢等问题。

4）Tekla Structures 软件

Tekla 公司的 Tekla Structures 是最早开发的基于建筑信息建模技术的钢结构设计软件。其功能包括三维实体结构模型与结构分析完全整合、三维钢结构细部设计、三维钢筋混凝土设计、专案管理、施工图及物料清单表（BOM 表）自动生成等。它是一个功能强大、灵活的三维深化与建模软件方案。

Tekla Structures 让结构设计师轻松而又精确地设计和创建任意尺寸的、复杂的智能钢结构模型，模型中包含加工制造以及安装时所需的一切信息，可以让设计者自动地创建车间详图及各类材料报表。同以前的二维技术相比，该软件可以显著地提高工作效率及工作精度，大幅度地提高生产力。Tekla Structures 还为结构设计师提供了各种各样、非常易用的工具以及庞大的节点库，满足设计过程中各类连接的需要，它们都可以简单地通过自动连接及自动默认功能安装到结构上面，结构设计师可以在设计、制造、安装过程中自由地进行信息交换。

Tekla Structures 的图形界面是一套基于 Windows 的系统，非常友好且容易上手。在图形界面中提供了可以自定义、浮动的图标及工具条，可以为结构设计师提供快速搭建结构模型的各种工具。此外，动态缩放以及拖动功能可以让结构设计师从近距离以任意角度来检查所创建的模型。撤销功能为结构设计师提供任意次数改正错误的机会。另外，使用最新的 OpenGL 技术，Tekla Structures 使结构设计师可以通过多种模式显示创建的模型。不管模型有多大，都可以无限制地设置显示视图，检查模型中的每一个部件。

Tekla Structures 拥有全系列的连接节点，可以快速提供准确的节点参数，从简单的端板连接、支撑连接到复杂的箱型梁和空间框架都可以完成。如果想要创建一个独特的节点，结构设计师只需简单地对已有的节点进行修改或是新搭建一个自己的节点，然后就可以将其保存在自己的节点库中，以供将来使用。Tekla Structures 全新的自动连接功能使得安装节点比以前更容易，结构设计师可以独立、分阶段或是在整个工程中来安装它们。不管怎么用，结果都会立即显示，从而节约时间。另外，Tekla Structures 的节点校核功能可以让结构设计师检查节点的设计错误，校核的结果以对话框的形式显示在屏幕上，同时生成一个可以打印的 HTMIL 文档，显示有节点的图形以及计算书。

在协同工作方面，Tekla Structures 支持多用户同时对同一个模型进行操作。Tekla Structures 包含有一系列的同其他软件的数据接口，如 AutoCAD、PDMS、Bentley Microstation、Frameworks Plus 等，它也集成了最新的 CIMsteel 综合标准 CIS/2，这些接口使得在设计的全过程中都能快速准确地传递模型。与上、下游专业间有效的互联互通可以使设计者整合设计的全过程，从规划、设计，直到加工、安装，这样的数据交流可以极大地提高产量，降低成本。

在 Tekla Structures 的帮助下，结构设计师可以创建从总体布置图到任意样式的材料表。图纸编辑器中集成了全交互式的编辑工具，不管设计者如何进行修改，报表、图纸永远都是最新的，且可以非常容易地进行修改，不需要在模型中删除任何构件，只要选中然后修改构件即可。此外，基于建筑信息模型的三维模型非常智能，它会自动对模型的修改做出调整，例如，如果修改了一根梁或者柱的长度或位置，Tekla Structures 会识别出该项改动，然后自动对相关的节点、图纸、材料表以及数控数据做出调整。

综上，Tekla Structures 软件在深化设计过程中，能高效高质低成本处理大量的复杂构件及连接设计等，可将项目转换为可视化、参数化、智能化的三维和四维模型，适用于设计到施工的各个环节，展现"实际建成"的建筑效果。同时包含专门针对结构工程师、钢结构深化设计和加工人员、预制混凝土设计和建造人员以及施工公司的配置，可实现钢结构工程项目的全过程信息化管理。国家极限运动溧水训练基地项目采用 Tekla Structures 软件进行钢结构深化设计，自动创建布置图、构件图、零件图、节点大样图以及多件合并图，创建完成后可以进行编辑，转换为 DWG、PDF 等多种格式的文本文件，为加工制作、现场安装提供必要依据。Tekla Structure 软件界面如图 5-5 所示。

5）BIMBase 软件

BIMBase 是一款用于建筑信息模型三维模型创建、分享和展示的平台。它基于国产自主知识产权的软件内核，重点突破了大体量几何图形的优化存储与显示、几何造型复杂度与扩展性、建筑信息模型的几何信息与非几何信

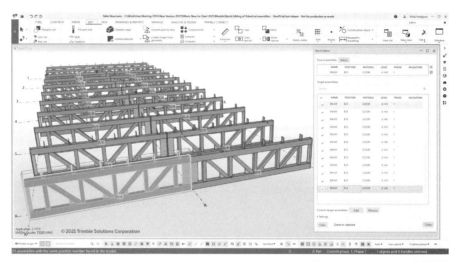

图 5-5　Tekla Structure 软件界面

息的关联等核心技术。为了提升建模的效率，BIMBase 也提供参数化建模
手段，可满足工程项目大体量建模需求，完成各类复杂形体和构件的快速建
模。BIMBase 还提供二次开发接口，可开发各类专业插件，建立专业社区。
二次开发接口如图 5-6（a）所示。

　　BIMBase 提供了一套完善的协同与模型集成机制，支持多人协同和多模
型协同；对图形引擎、数据服务及协同工作等公共功能进行封装，提供建筑
信息模型基础数据定义、数据服务、参数化建模、协同工作、数据交换、轻
量化服务及二次开发服务。以嵌入式三维图形内核对与其相关的三维建筑模
型进行数据管理，并对海量数据进行逻辑整合、协调与处理，建立相对完
善、合理及健壮的数据管理体系；解决了大规模复杂场景的快速组织与遮
挡检测、复杂三维实体模型的 LOD 表示和生成等问题；应对图形场景显示
数据和专业计算数据进行进一步优化管理，根据三维内核进行场景数据的组
织与快速检索，利用多层次的建筑构件及环境元素显示技术提升显示速度。
BIMBase 还能在入门级图形卡配置的机器上流畅渲染 8000 万个以上三角面
片的模型，实现大场景渲染展示，如图 5-6（b）所示。

　　另外，建筑信息建模技术对于建设项目各参与方更清晰地预见、控制和
管理施工进度与工程造价具有重要意义。主要的相关专门软件介绍如下：

1）Navisworks Manage 软件

Autodesk 公司的 Navisworks Manage 软件是用于施工模拟、工程项目
整体分析以及信息交流的软件，其具体的功能包括模拟与优化施工进度、
识别和协调冲突与碰撞、使项目参与方有效地沟通与协作，以及在施工前
发现潜在的问题等。Navisworks Manage 软件与 Microsoft 公司的 Microsoft

Python二次开发能力：

- Python 建库建模接口
- Python 批量布置的接口
- Python 生成图纸的接口
- Python 数据过滤筛选、统计分析接口
- Python 二次开发成果插件打包、发布、共享机制

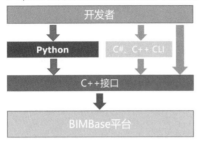

Python二次开发优势：

- Python 语言简单易学，零基础上手
- 开发环境简单，调试简单
- 丰富的学习资料，较多的开源代码案例
- 快速形成著作权/发明专利

（a）二次开发接口

（b）大场景渲染技术

图 5-6　BIMBase 平台

Project 软件具有互用性，在 Microsoft Project 软件环境下创建的施工进度计划可以被导入到 Navisworks Manage 软件中，再将每项计划工序与三维模型的每一个构件一一关联，即可实现施工模拟过程。图 5-7 为某电站工程基于 Navisworks Manage 所建四维施工信息模型，可对施工进度进行动态展示。

2）ProjectWise Navigator 软件

Bentley 公司的 ProjectWise Navigator 软件是 Bentley 公司开发的施工类建筑信息模型软件，它为管理者和项目组成员提供了协同工作的平台，可以在不修改原始设计模型的情况下，添加自己的注释和标注信息。Navigator 可以让用户可视化和交互式地浏览那些大型、复杂的智能三维模型，用户可以很容易并快速地看到设计者提供的设备布置、维修通道，以及其他关键的设计数据，也可以轻松地利用切割、过滤等工具生成并保存特定视图。Navigator 还能进行碰撞检查，能够让项目建设人员在施工前进行虚拟施工，

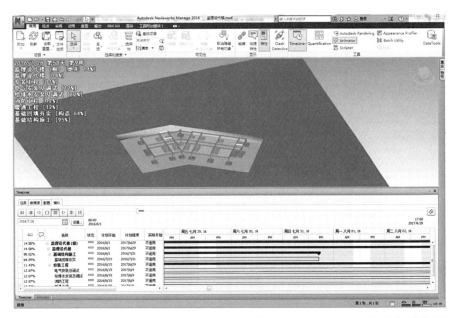

图 5-7　基于 Navisworks Manage 的四维施工信息模型

尽早发现实际施工过程中的不当之处，这样可以降低施工成本，避免重复劳动和优化施工进度。

3）Visual Simulation 软件

Innovaya 公司的 Visual Simulation 软件是一款四维施工进度规划与可行性分析软件，能与 Revit 软件创建的模型相关联，且由 Microsoft Project 等进度计划软件所创建的施工进度计划，可以导入到 Visual Simulation 软件中。用户可以方便地单击四维建筑模拟中的建筑对象，查看在甘特图中显示的相关任务，反之亦可。Visual Simulation 软件可以有效地加强项目各参与方的沟通与协作，优化施工进度计划，为缩短工期、降低造价提供了帮助。

4）Synchro 4D 软件

Synchro 公司的 Synchro 4D 是一款四维施工监督规划与管理软件，可以为整个项目的各参与方（业主、建筑师、结构师、承包商、分包商、材料供应商等）提供实时共享的工程数据。工程人员可以利用 Synchro 4D 软件进行施工过程可视化模拟、安排施工进度计划、实现高级风险管理、同步设计变更、实现供应链管理以及造价管理。Synchro 4D 软件能与 SolidWorks、Google SketchUp 以及 Bentley 软件创建的模型相关联，且由 Microsoft Project 等进度计划软件创建的施工进度计划同样可以导入到该软件中。

5.3.1　技术原理

在计算机视觉中，三维重建是指根据单视图或者多视图图像，重建原始三维信息的过程，可以将该技术理解为对某些三维物体或者三维场景的一种恢复和重构。重建出来的模型，方便计算机表示和处理。在实际重建过程中，三维重建是对三维空间中的物体、场景、人体等图像描述的一种逆过程，由二维的图像还原出三维的立体物体、场景和动态人体，因此三维重建技术是在计算机中以虚拟现实形式来表达客观世界的关键技术。建筑模型三维重建技术作为底层技术之一，是建筑信息建模、计算机视觉、机器人视觉、虚拟现实和增强现实等领域的基础。

1）传统建筑三维模型重建技术

传统的建筑三维模型重建技术，按照收集信息的传感器是否能够主动向周围环境中的目标物或辐射光源追踪，分成了主动式和被动式。

主动式建筑三维模型重建技术包括激光扫描法、结构光法、阴影法、Kinect 技术，简介如下：

（1）激光扫描法　是最为常见的传统建筑三维模型重建技术。该方法利用激光测距仪来进行真实场景的测量。首先，激光测距仪发射光束到物体的表面，然后，根据接收信号和发送信号的时间差确定物体离激光测距仪的距离，从而获得测量物体的大小和形状。其优点是精度高、可实现形状不规则的三维模型重建。缺陷是需要外来算法修补漏洞；点云数据庞大且需要配准，数据采集时间长；设备价格昂贵等。在北京大兴国际机场项目中，项目方利用三维激光扫描仪进行扫描和模型重建。由于数据量巨大且不规整，又通过软件对数据拼接处理并与设计模型匹配、进行修正，如图 5-8 所示。

图 5-8　现场扫描点云拼接（北京大兴国际机场项目）

（2）结构光法　该方法的原理是首先按照标定准则将投影设备、图像采集设备和待测物体组成一个三维重建系统；其次，在测量物体表面和参考平面分别投影具有某种规律的结构光图；然后再使用视觉传感器进行图像采集，从而获得待测物体表面以及物体的参考平面的结构光图像投影信息；最后，利用三角测量原理、图像处理等技术对获取到的图像数据进行处理，计算出物体表面的深度信息，从而实现二维图像到三维图像的转换。按照投影图像的不同，结构光法可分为：点结构光法、线结构光法、面结构光法、网络结构光和彩色结构光等。其优点是简单方便，无破坏性，速度快且精度高、能耗低、抗干扰强。缺点是测量速率慢、不适用室外场景等。

（3）阴影法　这是一种简单、可靠、低功耗的重建物体三维模型的方法。与传统的结构光法相比，这种方法要求非常低，只需要将一台相机面向被灯光照射的物体，通过移动光源前面的物体来捕获移动的阴影，再观察阴影的空间位置，从而重建出物体的三维结构模型。其优点是设备简单、图像直观、密度均匀且能耗低，对图像的要求非常低。缺点是对光照的要求较高，需要复杂的记录装置；涉及对大口径的光学部件的肖像差设计、加工和调整等。

（4）Kinect技术　Kinect传感器是最近几年发展比较迅速的一种消费级的三维摄像机，它是直接利用镭射光散斑测距的方法获取场景的深度信息。Kinect传感器中间的镜头为摄像机，左右两端的镜头被称为三维深度感应器，具有追焦的功能，可以同时获取深度信息、彩色信息以及其他信息等。Kinect在使用前需要进行提前标定，大多数标定都采用张正友标定法。其优点是价格便宜、轻便；受光照条件的影响较小；可以同时获取深度图像和彩色图像。缺点是深度图中含有大量的噪声，对单张图像的重建效果较差等。

被动式的三维重建方法，主要是通过采集设备直接根据目标物周围环境的自然光照来采集图像信息，基于几何视差原理对采集的多视图图像进行信息提取与分析，从而获取物体表面的三维信息。运用的方法主要有纹理恢复形状法、阴影恢复形状法、立体视觉法等。下面着重介绍立体视觉法。该方法是根据视差原理，计算图像特征点之间的视差的方法。作为计算机视觉常用的技术，在使用该技术的时候，需要基于假设空间的平面是正平面。因此，后期计算时要考虑实际情况优化算法来减小此类情况造成的影响。计算过程中信息提取的运算量也随着图像数目的增多而逐渐增加。根据具体技术特点，立体视觉法又分为：

（1）单目视觉法　该方法利用一个传感器的采集装置，通过获得的连续图像视差信息来实现对目标物体图像数据的三维重建。其优点是低成本且设备容易部署，可实现摄像机自标定且处理时间短。缺点是单张图像可能对应多个现实世界场景，这就造成从一段时间内获取的连续图像中估计目标物体深度信息进而实现三维重建的难度较大。

（2）双目、多目视觉法　该方法使用不同位置的两台或多台相机获取两幅校正图像，然后在所获取的不同图像上寻找对应的匹配信息，再通过几何原理实现三维重建。由于是多角度采集信息，提高了匹配精度，三维重建效果较好。缺点是相比于单目视觉法，计算需要消耗较多的时间且重建效果受基线距离影响大等。

2）基于深度学习的三维模型重建技术

基于深度学习的三维模型重建技术主要使用了深度神经网络强大的学习和拟合能力，可以对 RGB 或 RGBD 等图像进行三维重建。该技术多为监督学习方法，对数据采集依赖程度很高，通过各种神经网络主动学习单个或多个角度的二维拍摄照片的物体特征，例如形状扭曲、颜色变化、光感变化等，还原出物体原本的三维模型。与传统三维模型重建技术相比，基于深度学习的三维模型重建技术在泛化性上更优，但在算法设计上仍然存在提取数据特征不完备，数据转换过程中信息丢失等问题。基于深度学习的三维建模重建技术包括基于卷积神经网络的方法和基于生成对抗网络的方法，简介如下：

（1）基于卷积神经网络的方法　卷积神经网络（Convolutional Neural Network，CNN）是一种包含卷积结构的前馈神经网络，它作为深度学习中的一种代表算法，具有强大的特征学习能力。以前馈神经网络结构为基础进一步发展而来的卷积神经网络，在隐藏层使用了卷积运算来进行特征区分，以实现特征提取。同时，卷积神经网络通常包含更多的隐藏层，因此在面对图像时有更好的特征学习能力。此外，卷积神经网络通过权值共享和局部连接两种方式，减少了权值数量，降低了网络的参数量级，使得网络易于优化；同时，这种方式也降低了模型的复杂度，减少了过度学习，即过拟合训练数据的风险。由于卷积神经网络强大的特征学习能力，其在图像理解领域被广泛运用，用于提取图像中的颜色、纹理、边缘、拓扑等局部和全局特征。结合一些数据增强手段如平移、旋转、缩放等，其能够学习到比传统计算机视觉方法更丰富、更深层也更稳定的特征，能更好地应对图像中灰度变化、位移及透视变形等传统方法处理不了的情况。早期的卷积神经网络中的隐藏层通常由卷积层、池化层构成。卷积层与池化层常常组合在一起，被称为一个卷积组，用于提取特征。目前卷积神经网络方法主要用于三维模型重建过程中从图像到标签的识别。

（2）基于生成对抗网络的方法　生成对抗网络（Generative Adversarial Network，GAN）是由 Goodfellow 等人于 2014 年提出，它因为可以学习和模仿任何数据分布而在多个研究领域中发挥着重要作用。GAN 由生成

（Generative）和鉴别（Discriminative）两个网络模块组成。生成器的任务是生成尽可能接近真实数据分布的人工样本，判别器的任务是判断输入的数据是真实的还是由生成器生成的。生成对抗网络的训练过程是一个对抗的过程。在这个过程中，生成器和判别器相互竞争，不断提高自己的能力。随着训练的进行，生成器能够生成更高质量的数据，而判别器则能更准确地判断数据的真伪。基于生成对抗网络框架的三维重建算法在生成三维模型前要对图像进行相应处理工作来提取图像特征，并将其用于高斯分布的初始化，最终要学习的是两个分布间的映射关系。和基于神经网络的三维重建算法中的编码器类似，该部分可由多种神经网络完成。同时特征提取的网络部分与生成对抗网络部分相结合得到新的网络结构，因训练方式不同又可分为 VAE-GAN 和 BiGAN。VAE-GAN 是将编码器得到的特征分布向量作为生成器（即解码器）的输入，利用 3D-CNN 生成三维对象模型，再将生成的伪模型与真实模型同时输入到鉴别器中鉴别真伪；BiGAN 则是将编码器与解码器分开训练的方法，由编码器得到特征分布向量，由解码器从任意分布学习得到模型，再将特征分布向量与模型成对输入到鉴别器完成判别工作。基于生成对抗网络的三维重建框架基本结构如图 5-9 所示。该方法解决了利用卷积神经网络重建三维模型存在的特征表示能力弱的问题，在三维重建领域的各项指标方面，如重建精度、重建速度以及算法泛化性等，都表现出更大的优势。

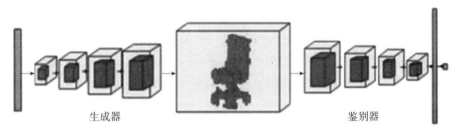

生成器　　　　　　　　　　　　　　　　　鉴别器

图 5-9　基于生成对抗网络的三维重建框架示例

由于数据集的收集和标注问题，目前该方法在体积较小的物体重建方向上研究较多。具体实现过程主要分为两个阶段，分别是稀疏重建和稠密重建。稀疏重建用于获取目标场景的相机参数、匹配文件等，作为后续稠密重建的输入。

5.3.2　技术工具简介

1）激光扫描技术工具

建筑点云数据是城市建筑物三维空间信息的数据集合。这种数据集合包括了建筑物的高度、宽度、深度及其他相关信息，以点云的形式储存在计算机中。通过点云数据可以详细地确定建筑物的位置、形状、比例等基本信息，是建筑信息模型建立和数字城市建设中不可或缺的组成部分。近年来，点云数据获取方式得到快速发展，包括利用激光扫描设备（如地面站、车载设备和机载设备）采集以及从二维影像中通过特征匹配计算获取，也可以通过 SketchUp 等软件构建的三维模型来获取三维点云数据。本小节介绍具有代表性的激光扫描设备——激光雷达。

激光雷达（Light Detection and Ranging，LiDAR）是一种用于主动获取地表地物表面信息的测量系统。该系统主要由三个模块组成：传感器模块、数据采集模块及数据处理和分析模块。传感器模块主要由激光器、发射光学器件、接收光学器件和控制电子器件等组成。激光器产生激光束，发射光学器件将激光束聚焦为一束高能量的脉冲光束，经过空气传播后照射到被测物体表面。部分激光束被物体表面反射或散射，接收光学器件将反射光聚集到光电子传感器上。光电子传感器将光学系统反射回来的光信号转换为电信号。完成数据采集后，数据处理和分析模块对光电子传感器获取的信号进行处理和分析，将其转换为点云数据。数据处理和分析模块通常包括信号放大器、数字信号处理器、存储器、处理软件等。激光雷达系统常见的搭载平台包括机载、车载、地面和手持等。机载激光雷达系统以垂直于地面的均匀推扫方式进行扫描，飞行时获取大量建筑物屋顶点云数据，并且还能获取少量的墙面点云，手持式激光雷达如图 5-10（a）所示。车载激光雷达系统则通常以沿街面进行全景扫描的方式进行操作，在移动状态下获取复杂场景中的大量信息，如建筑物立面、道路、车辆等。车载点云密度会因目标与扫描仪的距离而变化，主要应用于城市建筑物街景重建、地图更新、城市规划等领域，车载激光雷达如图 5-10（b）所示。相比之下，地面激光雷达系统通常采用扫描站固定的方式进行扫描，可以在一定范围内获取具有更高几何精度和更好细节程度的点云数据。手持式激光雷达体型小巧、机动性强，可以很好地适用于小空间、狭窄区域的三维扫描，机载激光雷达如图 5-10（c）所示。

激光雷达技术最早由美国国家航天局（NASA）于 20 世纪 70 年代用于海洋领域，进行水深与海底地貌的测量，近年来才在民用领域大规模商业化应用。比较知名的激光雷达外国厂商包括 Leica、Optech、Riegle、Faro、Trimble 等，国内厂商包括大疆、数字绿土、海达数云等。

在机载激光雷达测量完毕后，往往只有各个时间点下激光发射器、GPS、INS 的独立数据，因此在进行内业数据后处理前，需要进行点云解算，点云解算方程便是对前述数据的耦合和计算原理的实践。不同激光雷达品牌都有各自独立的点云计算软件，如大疆的 DJI Terra、数字绿土的 LiGeoreference 等。经过解算后的点云能够以不同格式输出，其中应用最广泛的格式为 .las，

（a）手持式激光雷达　　　　（b）车载激光雷达　　　　　（c）机载激光雷达

图 5-10　激光雷达系统主要形式

其提供了一种开放的格式标准，允许不同的硬件和软件提供商输出可互操作的统一格式，被绝大多数点云后处理软件所支持。

2）常用点云处理工具

在扫描真实场景产生点云数据的过程中，由于各种内外因素的影响，会产生大量分布散乱、离群的噪声点云。噪声点是脱离目标物体的点，它不仅增加了点的数量，而且还会影响目标物体的识别与分割。另外，实际场景扫描得到的点云数据量是巨大的，这会极大地增加存储开销与计算开销。因此，在保留点云几何特征的同时，对数据进行合理的处理是必要的。当前常用三维点云处理工具包括商业软件、开源软件和代码库。下面分别予以简单介绍。

商业软件的优点在于功能相对完善成熟、算法稳定，对大量点云的适用性好。代表性的软件主要有：

（1）TerraSolid 公司的 TerraSolid 软件　该软件基于 Microstation 开发，能够快速载入激光雷达点云数据，自动匹配来自不同航线的航带，调整激光点数据里的系统定向差，测激光面间或者激光面和已知点间的差别并改正激光点数据；以 xyz 文本或类似于 LAS 和 TerraScan 的二进制文本读入原始的激光点云，以三维方式浏览数据并自定义点类别，可实现交互式判别三维目标并数字化地物。

图 5-11 为基于 TerraSolid 软件、针对倾斜摄影测量和车载激光点云数据进行处理后的结果。可以看出比较好地弥补了建筑物底部受遮挡较严重区域、路面、建筑物立面等区域的几何结构及纹理缺失，提高了三维模型的精细度和完整度，也达到了预期研究目的。

（2）天宝耐特公司的 Trimble RealWorks 软件　该软件能够配准、可视化、浏览和直接处理市面上几乎所有主流品牌扫描仪点云数据；提供全自动无目标全自动配准功能，并生成配准报告。不仅能无目标全自动配准 Trimble

（a）建筑区域三维重建效果样例 1　　　　　　　　（b）建筑区域三维重建效果样例 2

图 5-11　基于 TerraSolid 的建筑区域三维重建效果

自身的点云数据，还可以无目标全自动配准其他品牌扫描仪的点云数据；提供点云分类功能，能自动提取并分类管理道路（中心线）、电线杆、树、建筑物等地物，便于管理及处理所需数据；软件还提供检测监测分析工具。可直接利用点云数据，将建筑竣工前后的数据做对比，或者与设计模型做对比，然后生成检测图表及报告。

（3）Bentley 公司的 Pointtools 软件　该软件可支持大规模点云，可以处理具有数十亿点的超大数据集，以交互方式管理场景参数并快速加载和卸载本地格式点云 POD 模型；软件采用实时高性能传输技术，最大限度地提高点云密度、清晰度和细节的可视效果；用户可以通过一系列可完全混合的着色选项对点云进行可视化，从而更易于进行动态视觉解译和生成增强的图像或影片内容；可在 128 个图层之间移动点可隔离特定的区域以进行详细的编辑，使用户更易于操作、清理或分类点云模型，从而加强对模型的理解，同时便于重复使用。

开源点云处理软件的优势在于轻量化、操作直观且储存空间占用少；同时提供了二次开发端口，用户可以在原有软件的基础上开发新的功能。这类软件包括 CloudCompare、OPALS、LAStools 等，其中代表性的软件是 CloudCompare。该软件支持数据的可视化处理，在图形界面中展示点云或三维模型的属性和信息，直观展示数据信息，帮助用户对数据有一个整体的认识；不仅能够可视化展示数据，还能对数据进行比较，生成差异云，即两个或多个数据之间的不同点的集合，它可以帮助用户找到差异并进行比对；支持自定义插件。开发者可以使用 C++ 或 Python 编写插件，并将其编译为可执行文件，在云比较软件中使用；同时还支持脚本扩展，用户可以使用脚本语言扩展软件的功能。

基于常见的开发语言，目前已开发了多种用于点云处理的代码库。这类代码库包括 PCL 点云库、Open3D 点云库、Computer Vision 工具箱等。其中有代表性的是 PCL 点云库。该代码库是在吸收了前人的点云相关研究基础上建立起来的大型跨平台开源 C++ 编程库，它包含了大量点云相关的通用算法和高效数据结构，涉及点云获取、滤波、分割、配准、检索、特征提取、识别、追踪、曲面重建、可视化等。支持多种操作系统平台，可在 Windows、Linux、Android、Mac OS X、部分嵌入式实时系统上运行。代码库完全模块化，利用 OpenMP、GPU、CUDA 等先进高性能计算技术，通过并行化提高程序实时性。

5.4.1 技术原理

1）概念

虚拟现实（Virtual Reality，VR）技术是一种虚拟与现实的结合技术，因为不是肉眼直接看到的，而是通过计算机技术模拟出虚拟物体或场景，故称为虚拟现实。虚拟现实采用了多种技术，包括仿生技术、实时三维计算机图形技术、广角（宽视野）立体显示技术、对观察者头、眼和手的跟踪技术，以及触觉/力觉反馈、立体声、网络传输、语音输入输出技术等。其中仿生技术运用于对人眼的结构的分析，从而使 VR 显示器提供的图像更符合人在现实中看到的图像，增强沉浸性。而实时三维计算机图形技术则用于构建虚拟环境，是虚拟现实技术的软件基础。通过多项技术的有机结合，达到提高虚拟现实的沉浸性，营造虚拟空间的目的。

虚拟现实技术具有以下特征：

（1）多感知性（multi-sensory）除了一般计算机技术所具有的视觉感知之外，还有听觉感知、力觉感知、触觉感知、运动感知，甚至包括味觉感知、嗅觉感知等。理想的虚拟现实技术应该具有一切人所具有的感知功能，由于相关技术，特别是传感技术的限制，目前虚拟现实技术所具有的感知功能仅限于视觉、听觉、力觉、触觉、运动等几种。

（2）浸没感（immersion）用户感到作为主角存在于模拟环境中的真实程度。理想的模拟环境应该使用户难以分辨真假，可以全身心投入到计算机创建的三维虚拟环境中，该环境中的一切看上去是真的、听上去是真的、动起来是真的，如同在现实世界中的感觉一样。

（3）交互性（interactivity）用户对模拟环境内物体的可操作程度和从环境得到反馈的自然程度（包括实时性）。例如，用户可以直接用手去抓取模拟环境中虚拟的物体，这时手有握着东西的感觉，并可以感觉物体的重量，视野中被抓的物体也能立刻随着手的移动而移动。

（4）构想性（imagination）具有广阔的可想象空间，可拓宽人类认知范围，不仅可再现真实存在的环境，也可以随意构想客观不存在的甚至是不可能发生的环境。

与虚拟现实技术相关的还有以下几个概念：

（1）增强现实技术（Augmented reality，AR）是一种将虚拟现实信息与真实物体或场景融合的技术，可以看到现实物体或场景内部构件的信息，增强了人们对事物信息的了解，实现了对真实物体或场景的"增强"效应。

（2）混合现实技术（Mixed reality，MR）是虚拟现实技术的进一步发展，可以在虚拟世界、现实世界和用户之间搭建起一个信息链接，增强用户的真实体验感。

（3）拓展现实技术（Extended reality，XR） 这是上述几种虚拟与现实结合技术融合的产物，为体验者带来虚拟世界与现实世界之间无缝转换的"沉浸感"。

2）建筑信息建模与虚拟现实的结合与应用

（1）在建筑方案设计阶段，虚拟现实可以让用户身临其境地在建筑中任意漫游，去感受具体家具与空间的尺度，基于建筑信息模型提供的数据信息，获取材料特性。对任何不满意的地方进行标注，及时反馈，进行下一步的优化与调整。不管对于设计方还是甲方而言，都是十分便捷的工具。对于设计方来说，虚拟现实技术对建筑信息模型的实时渲染为其减少了不必要的工作量，并提升了建筑信息建模设计的灵活性。在北京大兴国际机场项目的设计阶段，通过 VR 技术为主要区域制作了漫游视频和虚拟现实场景，可视化呈现装修效果，为方案审定、确认设计意图和路线导航等提供精准的基础资料，从而助力高效制定设计方案，设计变更次数减少 60% 以上。

（2）在施工图设计与节能降碳估算阶段，虚拟现实技术可以更好地将建筑信息建模的碰撞检测等应用实现具体操作可视化，实现建筑信息建模可视化的升华体验，并且使不同专业的设计集中到一个协同显示与设计平台，使设计师和甲方都可以更清晰地看到问题所在。在北京大兴国际机场项目中，碰撞检测主要体现在吊顶与机电安装上。项目组联合二维图纸、三维模型和现场实际情况合理布置管线的位置，通过虚拟现实技术实现建筑信息模型可视化，改进协调降低返工率，消除了绝大部分施工隐患，让施工过程有条不紊，模型和现场碰撞试验如图 5-12 所示。

（3）在工程实施阶段，工程质量管理可以通过场景模型系统、考核评分系统等子系统，针对各种标准施工工艺，将其从各种技术文件和国家标准

图5-12　模型和现场碰撞试验（北京大兴国际机场项目）

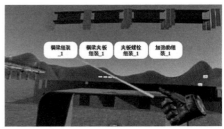

（a）施工场景虚拟漫游　　　　　　　（b）射线检测交互

图5-13　沉浸式钢结构工程虚拟施工系统

中抽取出来，设计出符合实际需求的虚拟现实交互流程。通过虚拟现实技术建立的虚拟体验场景，结合全身动作捕捉等力反馈穿戴设备，可以进行各种虚拟现实施工安全事故体验和事前施工难点预习。同时创建的可视化平台可以让施工人员在对图纸产生疑问的时候及时进行审核与反馈。图5-13以实际工程建设项目为对象，展示了开发的沉浸式钢结构工程虚拟施工系统。现场应用表明所设计的系统稳定可靠，系统可预测施工过程风险并优化施工方案，提升了钢结构工程施工过程中智能化和自动化水平。

（4）在运行阶段，无论是工程试运行管理还是设施运维管理，都可以进一步发挥建筑信息模型的数据管理功能，集成虚拟现实，让设备维护检修、消防应急等变得更为直观可控。同时系统可连接现场设备传感器，将实时数据传递进入虚拟现实场景，通过图表化的三维形式显示。

（5）在项目营销阶段，虚拟现实交互样板房，虚拟现实样板间能替代实体样板间，特别是在项目早期，就让业主看到完工后的效果。通过手持移动端和虚拟现实头盔端的多方互动，对于整个建筑项目的体验感将更强。同时集成客户信息录入和客户体验数据捕捉系统，进行大数据支持。

建筑信息建模技术与虚拟现实技术的结合，其理论研究和技术实践都还处于起步阶段，很多技术手段尚不成熟，应用范围和领域尚较为单一，同时缺乏相应行业标准。

5.4.2　技术工具简介

虚拟现实技术的开发工具种类繁多，有的支持虚拟现实应用系统不同组成模块开发，有的支持特定领域虚拟现实应用系统的开发。以下将对常用的建模工具与应用平台进行介绍。

1）建模工具

模型搭建是制作自由漫游系统的第一步，模型的精细化程度将直接决定虚拟场景呈现的效果。目前各行业三维建模的软件有数十种之多，常用的建模工具包括：

（1）SketchUp 软件　Trimble 公司开发的 SketchUp（中文译名"草图大师"，简称 SU）是一款主要面向建筑、规划、园林景观、室内以及工业设计等领域制作和展示三维模型的软件。SketchUp 简单易学的操作和直观简洁的界面让设计师可专注于设计本身，软件出图速度快，修改灵活，强大的插件库大幅提升了建模效率和弥补了软件功能较少的短板。SketchUp 可快速生成任何位置的剖面，使设计者清楚地了解建筑的内部结构，可以随意生成二维剖面图并快速导入 AutoCAD 进行处理；还能与 AutoCAD、Revit 等软件结合使用，快速导入、导出 DWG、DXF、JPG、3DS 等格式文件，实现方案构思，效果图与施工图绘制的有效结合，同时提供与 AutoCAD 和 ArchiCAD 等设计工具连通的插件。最后也是很重要的，该软件可轻松制作方案演示视频动画，全方位地表达设计师的创作思路。图 5-14 为长春市某商业中心建筑平面规划图以及通过 SketchUp 生成的三维模型。主建筑建模细致，周边采用半透明方块代表建筑群，这样既可凸显主建筑，又可减少模型文件大小。

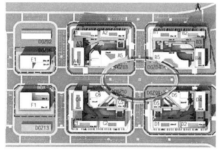　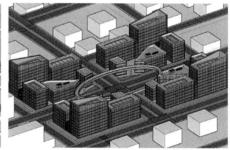

（a）建筑平面规划图　　　　　　　　　（b）SketchUp 模型图

图 5-14　SketchUp 三维模型设计 [40]

（2）Blender 软件　Blender 基金会开发的 Blender 是一款免费开源三维图形图像软件，提供从建模、动画、材质、渲染、到音频处理、视频剪辑等一系列动画短片制作解决方案。Blender 拥有在不同工作场景下使用的多种用户界面，内置绿屏抠像、摄像机反向跟踪、遮罩处理、后期结点合成等高级影视解决方案。还内置有 Cycles 渲染器与实时渲染引擎 EEVEE，同时支持多种第三方渲染器。作为一款免费的开源软件，它允许使用者自由修改源代码。软件总体界面简洁，功能全面，非常适合初学者学习使用。

（3）Maya 软件　Autodesk 公司开发的 Maya 是一款三维建模和动画软件，提供强大的三维建模、动画、特效和高效的渲染功能，也被广泛地应用在平面设计领域，适用于表现真实感极强的虚拟现实场景。Maya 的特效技术加入设计中的元素，增进了平面设计产品的视觉效果，也更多地应用于电影特效方面。

（4）Rhinoceros 软件　Robert McNeel 公司开发的 Rhinoceros（中文译名"犀牛"，简称 Rhino）是一款实时渲染软件。Rhino 软件支持多视图窗口，允许用户同时查看和编辑模型的不同部分。它还支持多分辨率显示，适用于不同屏幕和用途。它还提供了高度灵活且精确的三维建模工具，用户可以创建复杂的几何形状、曲线、表面和实体。另外，Rhino 软件提供实时渲染工具，使用户能够在设计过程中查看模型的外观，并进行实时调整。由于软件具有高度的灵活性和可扩展性，广泛应用于建筑设计、工业制造、三维动画制作等多个领域。

2）应用平台

建模软件为虚拟现实场景提供所需要的素材，为了使虚拟场景"活"起来，需要将模型文件导入到虚拟现实开发平台中进行脚本编写，实现交互、漫游等多种功能。在各种开发平台中，游戏引擎占据了大多数。这里重点介绍与建筑行业关系比较密切的软件。

（1）Lumion 软件　Act-3D 公司的 Lumion 是一款基于虚拟现实平台 Quest 3D 的内核而开发的三维可视化工具，能够为用户呈现出逼真感和生动感的场景。由于其具有用户友好的界面、广泛的材料、对象、效果库以及创建逼真图像和动画的能力，已成为建筑可视化的重要工具。该软件采用了先进的渲染技术，能够展现建筑模型中的每一个微小细节，如光照效果、景深、材质等。通过渲染，用户能够充分感受到真实的空间感和氛围感，使其所设计的建筑更加贴近自然、富有艺术性。由于 Lumion 采用的是显卡（GPU）渲染而非传统的中央处理器（CPU）渲染，设计师可以实时地观察场景的效果而无需等待计算机渲染模型，节省了大量的时间和精力。如图 5-15 所示，首先通过 Revit 进行某住宅小区的模型预处理，而 Lumion 的高效率渲染也弥补了 Revit 图形处理能力不强的弱点。

（2）Twinmotion 软件　Ka-Ra 建筑公司的 Twinmotion 是一款专为建筑需求而开发的交互式实时可视化工具。它非常方便灵活，支持当前几乎

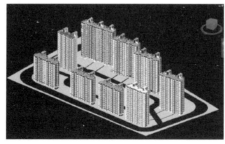

（a）Revit 模型　　　　　　　　　（b）Lumion 处理后的最终渲染效果图

图 5-15　基于 Revit 和 Lumion 相结合的某住宅小区渲染图 [41]

全部的建筑信息建模软件及工具，能够完全集成到建筑行业的工作流程中。Twinmotion 软件结合了直观的图标式界面和虚幻引擎的力量，可以快速生成渲染图、视频动画以及 3D 立体动画，适合建筑、工程、施工、城市规划、景观及影视动画等领域。

（3）Mars 软件　我国光辉城市公司的 Mars 是一款辅助建筑设计师和景观设计师进行三维场景创作和展示的虚拟现实软件。它可以根据自己的需求创建高质量的虚拟场景，支持个性化的定制。能够通过地理信息和三维场景搭建技术，将真实地形、建筑物、绿地等细节进行数字化呈现，也可以加入各种交互效果来将场景更好地展示出来。Mars 软件内置了大量的地图和模型，从而快速地布置场地内的景观和地形，在对模型的渲染有高度还原的基础上，还同步提供了虚拟现实的全景效果，可以在包括手机端和通过佩戴设备获取实时的全景展示。

综上，虚拟现实技术虽然可以在建筑设计领域发挥重要作用，但是在实际工程项目中限于虚拟现实技术的成本较高且缺少与设计平台的连接，通常还是将设计工作与虚拟现实展示割裂开来。设计师在完成设计工作后交由专业的咨询公司进行虚拟现实场景构建，作为设计成果的最终展示。这说明虚拟现实技术并没有真正地融入设计过程当中，对于设计的信息数据表达也有限，建筑行业更关注其展示效果在投标和汇报时能否提高竞争力和说服力。需要基于建筑信息建模平台，将设计师和虚拟现实工程师的工作协同起来，解决设计和虚拟体验缺乏有机融合的问题。

5.5.1 技术原理

行为识别主要是通过计算机视觉技术从视频序列中自动提取行为相关的视觉信息，并对这些信息做出分析与解释，从而得到具体的行为类别。用户行为识别的方法根据模式的不同可分为传统方法和基于深度学习的方法两大类。简单介绍如下：

1）基于手工特征的行为识别方法

在传统行为识别方法中，特征提取与行为分类是相互独立并被分别执行的，即首先从视频中提取行为特征信息，然后训练分类器使其学习到不同行为的差异性特征从而应用于分类。从数据模态的角度出发，又可分为 RGB 模态和深度模态两种方法。

（1）RGB 模态识别方法　基于 RGB 数据的行为特征表示方法按照检测区域的不同通常被划分为全局特征表达和局部特征表达。全局特征表达是利用背景减除法、帧差法等获取视频中感兴趣的人体前景区域，将其视为一个整体来提取行为外观与运动特征。常见的全局特征表示方法包括运动能量图像（Motion Energy Image，MEI）和运动历史图像（Motion History Image，MHI）、光流法、人体轮廓特征以及时空立方体（Space-Time Volume，STV）等。全局特征对人体形状和运动信息具有较强的表达能力，然而由于摄像头运动和背景环境复杂导致有效提取人体目标区域比较困难，而且全局特征易受视角变化及遮挡等外界因素的干扰。局部特征无需提取前景区域，直接从视频场景中检测描述行为特征线索，因此可以在一定程度上减少复杂背景、视角变化以及遮挡等干扰因素的影响，具有更好的鲁棒性。常用的局部特征表示方法有时空兴趣点（Spatial-Temporal Interest Points，STIPs）、密集轨迹（Dense Trajectory，DT）等。时空兴趣点能够捕捉行为短时的外观与运动信息，密集轨迹通过跟踪机制对人体行为长范围的运动变化进行描述。此外，提取局部行为特征后，需要对其进一步编码获取更加规范的视频全局特征表达，常用方法比如词包模型（Bag of Visual Words，BOVW）、局部特征聚合描述子（Vector of Locally Aggregated Descriptor，VLAD）等。

（2）深度模态识别方法　低成本深度传感器的出现使得深度数据的广泛应用成为可能，由于深度数据对光照、颜色以及纹理的变化不敏感，而且能够提供可靠的人体轮廓信息和丰富的场景三维结构信息，数据的鲁棒性比 RGB 更好且可以去除背景光照等容易对识别造成干扰的信息，因此传统行为识别算法中存在大量基于深度视频的技术研究。如把深度视频投影在三个正交的笛卡尔平面上生成深度投影图序列，通过累积投影图序列中连续两帧之间的阈值化绝对差值生成深度运动投影图（Depth Motion Maps，DMM），再从深度运动投影图中提取梯度方向直方图特征进行行为识别；通过建立三维局部占用模式（Local Occupancy Pattern，LOP），能够根据关节点的位置获取局部深度外观信息；把表面法向量扩展到四维空间，提出四维法向量方向直方图（Histogram of Oriented 4D Normals，HON4D）作为深度行为视频的特征描述子等。

2）基于深度学习的行为识别方法

传统行为识别算法是人工认知驱动的方法，通常依赖于手工设计的特征描述去提取行为特征，往往是针对具体应用背景，泛化性能及鲁棒性较差，而且难以从视频中学习具有辨识力的高级语义特征模式，因此对于较为复杂或者相似度很高的人体行为而言，传统行为识别方法并不能够实现优越的性能。相比而言，基于深度学习的行为识别方法通过设计端到端的深度网络，将特征学习和行为分类进行整合，自动学习视频中包含的行为时空特征，随后输入分类层得到行为识别结果，具有泛化性好、鲁棒性高、判别性强等特点。按照不同数据模态（彩色视频、深度视频、骨骼序列），又可细分如下：

（1）基于 RGB 视频的行为识别方法　视觉任务中，卷积神经网络（CNN）是提取行为特征的重要工具。基于 RGB 数据的行为识别方法中通常使用 CNN 提取视频帧空间特征，但在运动信息的提取方式上有不同的做法，主要分为三个类别：双流网络、三维卷积网络和循环神经网络。

①双流网络：为捕捉视频帧序列中的时空信息，由牛津大学视觉几何小组于 2014 年提出的行为识别方法。这个网络由两个单独运行的 CNN 组成，其中一个提取单帧 RGB 图像中的空间信息，另外一个从视频光流序列中提取运动信息，两组特征会在最后一个分类层中完成特征融合。双流网络是最具代表性的网络结构，在许多现有行为识别方法中被广泛采用。这种方法的缺陷在于自动学习视频行为时间模式的能力不足，需要以光流图像作为输入来捕获时序运动特征，而生成光流计算量大、耗时长；另外该方法将空间和时间支路的预测结果进行简单的融合，不能同时建模视频行为的空间和时间信息。为解决上述问题，后续研究通过特征融合方式来改进这个框架，如在网络中加入时空交互学习模块，以提高支路对特征的采集效率等。

②三维卷积网络：这种方法通过增加时间卷积作为第三维度，将二维卷积核扩展为三维卷积核。该方法可以同时学习行为视频的时间和空间特征，克服了双流结构的局限性。三维卷积网格虽然行为识别性能更为优越，但由于引入了时间维度，三维卷积包含大量需要被优化的参数，模型训练耗时且繁杂。针对上述问题，又相继提出了如 R（2+1）D、P3D、S3D 等方法，将三维卷积分解为二维空间卷积和一维时间卷积，以降低三维卷积的计算成本。

③循环神经网络：该方法使用循环神经网络（Recursive Neural Network，RNN）等时序模型配合 CNN 完成行为识别。其本质思想与双流结构类似，但使用时序模型代替光流运算建模运动信息。作为 RNN 的扩展，长短时记忆网络（Long-Short Term Memory，LSTM）在其内存单元中引入了一种门机制，用于处理长时输入序列中的复杂信息，并且能够解决 RNN 存在的梯度消失的问题。

（2）基于深度视频的行为识别方法　基于彩色视频获得的数据信息很容易受到光照或者其他环境变化的影响，导致行为识别的准确率较低。近年来，低成本深度传感器技术的不断进步为人们获取深度数据带来了极大的便利，也推动了基于深度视频的深度学习行为识别技术的迅速发展。与 RGB 图像相比，深度图像受到外界环境的影响较小，仅与目标人体和摄像头的距离相关，而且对光照、颜色和纹理的变化不敏感，能够提供丰富的人体运动特征和场景三维结构信息，对于提升行为识别的可靠性和稳定性具有很大的帮助。另一方面，深度图像很好地掩盖了被检测人的身份信息，在实际应用中能够有效保护人们的隐私。

① CNN-RNN 网络：对于深度数据而言，CNN 和 RNN 仍是处理时空信息的有效手段。该方法根据人体关键点数据提出一个简单的模型，在使用 OpenPose 算法获取人体关键点二维信息后，先后使用 CNN 和 LSTM 完成空间和运动特征的提取，网络复杂度低但效果相对较好。

②图卷积网络：图卷积是一种作用在图数据上的消息传递方法，将人体关键点根据人体肢体连接建立图数据，并使用图卷积提取蕴含更多人体结构信息的特征。在使用图卷积实现行为识别时，还引入了时空图卷积模型（Spatial Temporal GCN，ST-GCN ST-GCN），构建了一个以骨架点为图形顶点、以人体结构自然连接为图形边缘的时空图。然后用标准 SoftMax 分类器将 ST-GCN 图上的高级特征映射为相应的类别。为了构建更加灵活的图结构，后续还开发了自适应图卷积网络（Adaptive Graph Convolutional Networks，AGCN），利用 non-local 的方式推理任意两个人体关键点之间的连接关系。

③ Transformer 模型：该模型的自注意力机制可以建立序列数据的全局上下文关系，但因其运算量巨大，相较于直接使用，更多的是与图卷积结合使用，即以图卷积为主，在其中某些层内使用自注意力机制代替传统信息传递方式，这样可以同时照顾到图的结构信息和全局上下文信息的传递。

5.5.2　技术工具简介

目前已有一些使用深度学习技术进行实时行为识别的技术工具。这些工具普遍提供有丰富的函数和工具，用于构建和训练深度学习模型，实现用户行为识别任务。使用者可根据自己的需求和熟悉程度选择合适的工具，并结合相关的数据集和算法开展工作。简单介绍如下：

（1）OpenCV 软件　OpenCV 是一个跨平台的计算机视觉和机器学习开源软件库，可以运行在 Linux、Windows、Android 和 Mac OS 操作系统上。它提供了大量的图像处理和计算机视觉算法，以及用于图像和视频处理的函数、类，可以广泛应用于图像和视频处理，包括：读取、写入并对图像和视频进行滤波、阈值、形态学处理和边缘检测等；在图像中检测和描述特征，以及在不同图像之间匹配特征；检测和跟踪图像中的目标；从双目图像中计算深度信息，并重建出三维场景等。另外，OpenCV 支持多种编程语言，如 C++、Python 等。有研究将基于 OpenCV 的人脸识别技术与建筑信息模型有效集成，形成了以建筑物为标定的人脸数据库、人脸采集、人脸识别系统，为人脸身份的智慧化多源应用提供了可能。建筑信息模型与基于 OpenCV 的人脸识别系统的集成技术路线如图 5-16 所示。

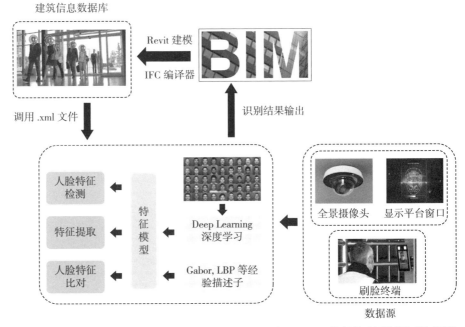

图 5-16　建筑信息模型与基于 OpenCV 的人脸识别系统的集成技术路线

（2）TensorFlow 软件　TensorFlow 是一个基于数据流编程（dataflow programming）的开源符号数学系统，被广泛应用于各类机器学习算法的编程，由谷歌人工智能团队——谷歌大脑（Google Brain）开发和维护。它拥有多层级结构，可部署于各类服务器、PC 终端和网页，并支持 GPU 和 TPU 高性能数值计算。TensorFlow 软件支持多种模型架构，如 CNN、RNN 等，用户可在此基础上构建深度学习模型，用于行为识别任务。

（3）PyTorch 软件　PyTorch 是一个开源的 Python 机器学习库，由 Facebook 开发和维护。它采用了动态计算图的机制，优化了训练过程，同时还具有灵活性、易用性等优良特性。PyTorch 支持常见的深度学习算法和模型，在计算机视觉、自然语言处理、生成模型和深度强化学习等领域都具有广泛的应用。因此可以方便地利用该软件进行行为识别，如人体姿态估计等。

（4）Keras 软件　Keras 是一个由 Python 编写的开源人工神经网络库，可以作为 Tensorflow 等的高阶应用程序接口，进行深度学习模型的设计、调试、评估、应用和可视化。Keras 在代码结构上由面向对象方法编写，完全模块化并具有可扩展性，其运行机制和说明文档考虑了用户体验和使用难度，并试图简化复杂算法的实现难度。Keras 支持现代人工智能领域的主流算法，能够满足进行行为识别的需要。在硬件和开发环境方面，Keras 支持多操作系统下的多 GPU 并行计算，可以根据后台设置转化为 Tensorflow 等系统下的组件。

5.6.1　本章难点总结

　　本章从人机交互、三维重建、虚拟现实和行为识别等角度分别介绍了碳中和建筑信息建模的技术原理以及相应的技术工具。基于人机交互的建筑信息建模技术的出发点在于建筑信息模型与协同设计的有效结合；基于三维重建的建筑信息建模技术涵盖了激光扫描法这样的传统技术以及基于人工智能算法的新技术；基于虚拟现实的建筑信息建模技术在建筑设计、施工建造等不同阶段具有不同的应用特点；基于行为识别的建筑信息建模技术包括了手工特征的传统技术和基于人工智能算法的新技术。相应的技术工具除了各自的技术要点，还结合具体工程案例介绍了其应用效果。

5.6.2　思考题

　　1. 按用途来分，一般可以将建筑信息建模软件分成哪几类？

　　2. 目前国际上有代表性的建筑信息建模软件？简述各自的技术特征。

　　3. 什么是建筑三维模型重建技术？从技术原理看，建筑三维模型重建技术分成哪几类？

　　4. 激光雷达系统的形式有哪几种？各自的适用范围是什么？

　　5. 什么是虚拟现实技术？有哪些特征？为什么说虚拟现实技术对建筑信息建模有重要意义？

　　6. 代表性的虚拟现实技术工具有哪些？

　　7. 什么是用户行为识别？从技术原理看，用户行为识别技术分成哪几类？

　　8. 用户行为识别技术如何和建筑信息建模技术相结合，谈一谈具体的应用场景。

第 6 章

——碳中和建筑信息模型案例实践 居住建筑

本章主要内容及逻辑关系如图 6-1 所示。

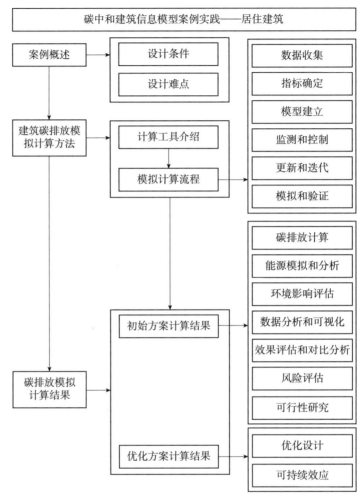

图 6-1　本章主要内容及逻辑关系

6.1
案例概述

本章聚焦于一座住宅建筑的设计流程。该住宅建筑位于中国严寒、寒冷地区，从五个气候子分区选取代表性城市分别进行分析，分别是伊春（1A）、哈尔滨（1B）、沈阳（1C）、大连（2A）和济南（2B）。建筑是一栋典型的钢筋混凝土框架六层住宅楼，其平面由两个相似单元构成，如图 6-2 所示，本案例使用叠层竹（LBL）替代钢筋混凝土（RC）填充，通过建立信息模型，在保证建筑功能和美观的前提下，最大限度地减少碳排放。

6.1.1 设计条件

项目主要经济技术指标如表 6-1 所示：

主要经济技术指标 表 6-1

类别	单位	数值
总建筑面积	m²	5 966.4
建筑占地面积	m²	994.4
层数	层	6
建筑高度	m	23.1
户数	户	24

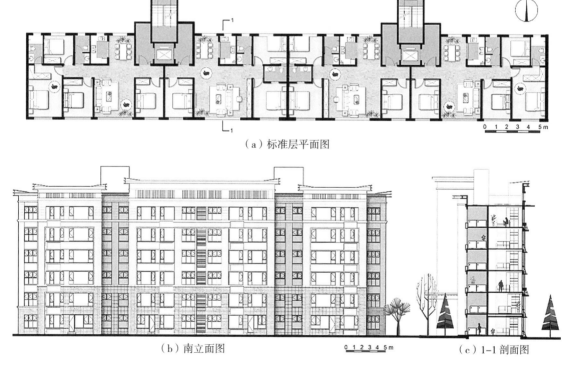

（a）标准层平面图

（b）南立面图

（c）1-1 剖面图

图 6-2 案例建筑平面图、立面图、剖面图

6.1.2 设计难点

在设计碳中和居住建筑的过程中，需要面对多个复杂的设计难点。这些难点不仅涉及传统的建筑设计问题，还包括如何在不同气候条件下最大限度地减少碳排放，实现碳中和目标。以下是设计中的几个关键难点：

1）气候适应性设计

（1）多气候区适应性：本案例覆盖了中国严寒、寒冷地区的五个气候子分区（伊春、哈尔滨、沈阳、大连、济南）。每个地区的气候条件差异显著，需要设计适应不同气候条件的建筑方案。例如，在严寒地区（如伊春和哈尔滨），需要重点考虑保温和防寒设计；而在相对温暖的地区（如济南），则需要注重通风和遮阳设计。

（2）气候数据的获取与应用：全面收集和准确应用气候数据是设计的重要前提。需要使用当地的气候数据来进行能耗模拟和碳排放计算，从而设计出在特定气候条件下最节能、最低碳的建筑。

2）材料选择与应用

（1）低碳材料的选择：本案例采用叠层竹（LBL）替代传统的钢筋混凝土（RC）填充材料。虽然 LBL 具有较低的碳排放和良好的可持续性，但其力学性能、耐久性和施工工艺与传统材料存在差异，需要进行深入的研究和验证。

（2）材料生命周期评估（LCA）：需要对不同材料进行全面的生命周期碳排放评估，考虑其生产、运输、施工和使用阶段的碳排放情况。对于 LBL，需要考虑其从种植、加工到施工的全过程碳足迹。

3）建筑能效设计与优化

（1）建筑围护结构优化：需要设计高效的围护结构，包括墙体、屋顶、窗户等，以提高建筑的保温性能和气密性，减少能耗。例如，在严寒地区，需要使用高性能的保温材料和双层、三层玻璃窗。

（2）被动设计策略：通过被动设计手段，如自然采光、自然通风、隔热和遮阳，最大限度地减少对主动供暖和制冷系统的依赖。需要结合具体气候条件进行设计优化。

4）能源系统设计与管控

（1）可再生能源的利用：需要充分利用太阳能、地热能等可再生能源，设计高效的能源系统，减少化石能源的使用和碳排放。例如，在设计中可以集成太阳能光伏系统、地源热泵等。

（2）能源管理与监控：设计高效的能源管理系统，通过实时监控和智能控制，优化建筑的能源使用效率。需要选择合适的建筑管理系统（Building Management System），并进行数据的实时监控和分析。

5）施工与运营管理

（1）绿色施工技术：在施工阶段，需要采用绿色施工技术，减少施工过程中的碳排放和环境影响。例如，优化施工工艺，减少施工废弃物，选择低碳排放的施工机械。

（2）运营阶段的监测与控制：在建筑运营阶段，通过 BMS 系统对能源使用进行持续监测和控制，确保建筑的实际碳排放符合预期。需要对系统进行定期维护和优化，保证其长期高效运行。

6）经济性与可行性

（1）成本控制：在实现碳中和目标的同时，需要控制项目成本，确保经济可行性。需要通过优化设计、选择经济适用的低碳材料和技术，平衡碳中和目标与经济成本。

（2）政策支持与激励：需要充分利用国家和地方的绿色建筑政策和激励措施，如碳排放交易、绿色建筑认证等，获取政策支持和经济激励，推动项目的顺利实施。

综上所述，碳中和居住建筑的设计需要综合考虑气候适应性、材料选择、建筑能效、能源系统、施工与运营管理以及经济性等多个方面的因素，通过综合优化和创新设计，实现低碳、高效、可持续的建筑目标。

6.2.1 建筑碳排放模拟计算工具介绍

建筑能耗计算是建筑运行期间碳排放计算的关键环节。本研究使用 EnergyPlus 软件模拟建筑物运行阶段的能耗并结合计算得出建筑的碳排放量。

首先，EnergyPlus 软件基于先进的建筑物模型和模拟技术，能够准确地模拟建筑物在不同季节、不同气候条件下的能耗情况。这包括建筑物的供暖、制冷、通风、照明等各个方面的能源消耗。通过对建筑物运行阶段的模拟，软件可以精确地预测建筑物的能耗水平，为建筑项目的能源设计和管理提供科学依据。

其次，EnergyPlus 软件与碳排放计算紧密结合，能够根据建筑物的能耗数据计算出相应的碳排放量。这个过程是基于能源消耗与碳排放之间的密切关系进行的。通过能耗模拟和碳排放计算的结合，软件可以帮助用户全面了解建筑的环境影响，从而采取有效的减排措施和能源管理策略。

在能耗计算的过程中，EnergyPlus 软件提供了丰富的功能和灵活的参数设置，用户可以根据具体的建筑项目需求进行定制化的能耗模拟和碳排放计算。软件还支持对不同能源类型的消耗进行分析，包括化石能源、电力、可再生能源等，从而为用户提供更全面的能源管理和碳减排决策。

此外，EnergyPlus 软件也具有流畅的用户界面和操作流程，适用于广泛的用户群体，包括建筑设计师、工程师、能源管理者等，为他们提供了一个有效的工具以优化建筑的能源利用效率，降低碳排放量，推动建筑行业向可持续发展的方向迈进。

综上所述，EnergyPlus 软件是一款功能强大的能耗计算工具，可根据模拟建筑物的能耗情况并结合计算得出碳排放量，为建筑行业提供了重要的能源管理和碳减排支持，促进建筑行业的可持续发展和环保实践。

6.2.2 建筑碳排放模拟计算流程

住宅碳中和建筑信息模型建模过程可以分为数据收集、确定指标、建立模型、监测控制和更新迭代几个关键步骤。随后，使用能源模拟工具对优化后的设计进行模拟和验证。这有助于评估设计改进的效果，并进一步优化。

1）数据收集

收集建筑设计及运营的相关数据，包括能源使用数据、材料信息、设备规格等。这些数据可以从供应商、建筑物运营公司、设计文档等途径获取。

能源数据包括电力、燃气、热能等消耗量数据，这些数据可以从能源供应商、能源计量设备、建筑管理系统等获取。该建筑围护结构及其构件的 U

值和热阻 R 的取值如表 6-2 所示，均满足《严寒和寒冷地区居住建筑节能设计标准》JGJ 26—2018，表中包含 5 个城市的位置和热力设计标准。各地住宅供暖时间如表 6-3 所示。

材料数据包括材料的类型、数量、生产过程中的碳排放等信息。可以从供应商、材料生产商、材料规范、环境产品声明（EPD）等渠道获取这些数

代表城市案例建筑设计指标   表 6-2

气候分区	子分区	温度	HDD/CDD	城市及位置	U 值	热阻 R
严寒地区	1A	Tmin·m ≤ −10℃ 145 ≤ d≤5	6 000 ≤ HDD18	伊春 （128.90 E，47.72 N）	屋面 ≤ 0.15	地面 ≥ 2
					外墙 ≤ 0.35	
					窗 ≤ 1.6	
	1B		5 000 ≤ HDD18 < 6 000	哈尔滨 （126.77 E，45.75 N）	屋面 ≤ 0.20	地面 ≥ 1.8
					外墙 ≤ 0.35	
					窗 ≤ 1.6	
	1C		3 800 ≤ HDD18 < 6 000	沈阳 （123.43 E，41.77 N）	屋面 ≤ 0.20	地面 ≥ 1.8
					外墙 ≤ 0.4	
					窗 ≤ 1.8	
寒冷地区	2A	−10℃ < Tmin·m ≤ 0℃ 90 ≤ d≤5 < 145	2 000 ≤ HDD18 < 3 800 CDD26 ≤ 90	大连 （121.63 E，38.90 N）	屋面 ≤ 0.25	地面 ≥ 1.6
					外墙 ≤ 0.45	
					窗 ≤ 2.0	
	2B		2 000 ≤ HDD18 < 3 800 CDD26 > 90	济南 （117.63 E，38.90 N）	屋面 ≤ 0.3	地面 ≥ 1.5
					外墙 ≤ 0.45	
					窗 ≤ 2.0	

采暖、制冷设置   表 6-3

项目	城市	设置温度	作用时段	开启时间
采暖	伊春（1A）	20℃	10.1–4.30（次年）	常开
	哈尔滨（1B）		10.20–4.20（次年）	
	沈阳（1C）		11.1–3.31（次年）	
	大连（2A）		11.5–3.5（次年）	
	济南（2B）		11.15–3.15（次年）	
制冷	伊春（1A）	26℃	6.16–9.15	人为调控
	哈尔滨（1B）		6.1–9.15	
	沈阳（1C）		5.15–10.1	
	大连（2A）		5.20–10.10	
	济南（2B）		5.10–10.20	

据，建筑围护结构信息如表 6-4 所示，混凝土和 LBL 填充围护结构构造如图 6-3 所示。生竹在生长过程中可以通过光合作用储存大量的 CO_2，成熟周期短至 4 年。本文按照一公顷种植园每年可生产 $4.5m^3$ 的 LBL，$1m^3$ LBL 每年可储存约 $1.3tCO_2$ 来计算。

建筑围护结构信息 表 6-4

构件	U 值[W/（m^2·K）]				
	伊春（1A）	哈尔滨（1B）	沈阳（1C）	大连（2A）	济南（2B）
混凝土屋面	0.141 2	0.184 7	0.184 7	0.226 5	0.266 8
混凝土外墙	0.331 6	0.331 6	0.372 7	0.425 6	0.425 6
LBL 屋面	0.135 9	0.175 7	0.175 7	0.213 2	0.248 5
LBL 外墙	0.280 3	0.280 3	0.309 2	0.344 7	0.344 7

设备数据包括采暖、通风、空调系统的能效数据、灯具的能效和照明设计等。可以从设备制造商、设备规格表、能效认证报告等获得这些数据。房间的内得热设置情况如表 6-5 所示。

内得热设置参数 表 6-5

项目	房间	值	时间
人	双人卧室	2×0.55 W	6：00-8：00、22：00-23：00
		1.4×0.55 W	22：00-6：00
	单人卧室	1×0.55 W	6：00-8：00、22：00-23：00
		0.7×0.55 W	22：00-6：00
	客厅	2×0.55 W	9：00-22：00
	其他房间	0.2×0.55 W	6：00-22：00
灯具	卧室、客厅	2 W/m^2	18：00-22：00
	其他房间	1 W/m^2	18：00-22：00
设备	卧室	80 W	8：00-23：00
		10.4 W	23：00-8：00
	客厅	34.5 W	0：00-9：00
		60 W	9：00-18：00、22：00-24：00
		150 W	18：00-22：00
	其他房间	30 W	6：00-22：00

交通数据包括交通流量、车辆类型、充电需求等信息。可以从交通管理机构、交通调研报告等获取这些数据。所需材料的体积、质量及其来源用于确定所需卡车的数量和行驶距离。钢筋混凝土施工所需的材料在当地生产，

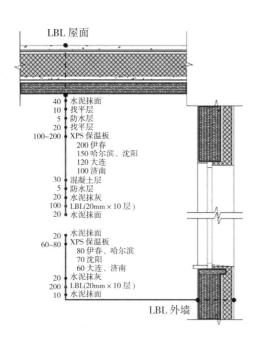
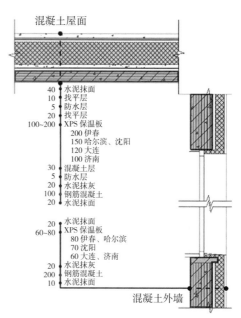

| LBL 屋面 | 混凝土屋面 |

40	水泥抹面
10	找平层
5	防水层
20	找平层
100~200	XPS 保温板
	200 伊春
	150 哈尔滨、沈阳
	120 大连
	100 济南
30	混凝土层
5	防水层
	水泥抹灰
100	LBL(20mm × 10 层)
20	水泥抹面

20	水泥抹面
60~80	XPS 保温板
	80 伊春、哈尔滨
	70 沈阳
	60 大连、济南
20	水泥抹灰
200	LBL(20mm × 10 层)
10	水泥抹面

LBL 外墙

40	水泥抹面
10	找平层
5	防水层
20	找平层
100~200	XPS 保温板
	200 伊春
	150 哈尔滨、沈阳
	120 大连
	100 济南
30	混凝土层
5	防水层
	水泥抹灰
100	钢筋混凝土
20	水泥抹面

20	水泥抹面
60~80	XPS 保温板
	80 伊春、哈尔滨
	70 沈阳
	60 大连、济南
20	水泥抹灰
200	钢筋混凝土
10	水泥抹面

混凝土外墙

图 6-3 混凝土和 LBL 填充围护结构构造图

运输距离为 50km。LBL 来源于浙江安吉,其他材料也在当地生产。

土地利用数据包括建筑占地面积、绿化面积、景观设计等信息。可以从设计文件、土地规划部门、环境评估报告等获得这些数据。

运营数据包括能源使用数据、维护记录、室内环境参数等。可以从建筑管理系统、运营报告、能耗监测设备等获取这些数据。根据实际项目中类似的材料消耗方法,本文估计了研究建筑中每种类型施工机械的运行时间。

2)指标确定

根据碳中和的目标,确定用于衡量建筑碳排放的指标。常见的指标包括建筑的整体碳足迹、能源效率、材料的碳含量等。

碳排放指标取决于碳中和目标的范围和重点。本文用于计算的 CO_2 排放系数如表 6-6 所示。在运行阶段,供暖、制冷、照明和设备的 CO_2 排放量是基于对研究建筑在 50 年使用寿命内的模拟所获得的能源消耗来估计的。电力用于制冷、照明和设备,而煤炭用于供暖。

CO_2 排放系数 表 6-6

项目	单位	EF($kgCO_2e/unit$)	项目	单位	EF($kgCO_2e/unit$)
LBL	m³	1 175	地面找平	m²	0.62
木材	m³	487	电动捣固机	d	12.83
钢材	t	2 500	电动升降机	d	11.36
混凝土	m³	362.6	混凝土搅拌机	d	42.55

项目	单位	EF（kgCO₂e/unit）	项目	单位	EF（kgCO₂e/unit）
水泥	t	900	混凝土振动器	d	3.09
沙子	t	6.6	砂浆搅拌机	d	6.66
抹面水泥	t	277	钢筋加工	d	69.65
水	t	0.168	刨边机	d	58.67
砖	t	295	木加工	d	22.11
聚氯乙烯	t	7 300	切管机	d	9.97
瓷砖	m²	1 740	锯床	d	18.55
碎石	t	4.4	交流弧焊机	d	74.62
涂层	t	3 500	直流弧焊机	d	72.35
挤塑板	t	6 120	对接焊机	d	95.00
30t 位卡车	t·km	0.078	氩弧焊机	d	54.65
10t 位卡车	t·km	0.162	CO₂ 保护焊机	d	66.49
标准煤	kg	2.66	东北电力	kWh	0.777
燃煤	kg	3.74	华北电力	kWh	0.884

能源效率包括建筑的总能源使用强度（Total Energy Use Intensity，TEUI）、建筑能耗与建筑总体积或总面积的比值、特定能源系统的效率等。这些指标可以帮助评估建筑能源使用的效率水平。

室内环境指标包括室内空气质量、照明质量、温度控制等。这些指标可能与碳中和目标直接相关，例如使用高效的空调系统可以减少碳排放。

社会影响指标包括就业机会、社区融入、建筑物对周边环境的影响等。虽然这些指标可能不直接与碳中和相关，但对于全面评估建筑的可持续性和社会责任是重要的。

3）模型建立

使用建筑信息模型软件（BIM，IES）或碳计算工具创建建筑的数字模型。建筑信息模型软件可以用于建立建筑的三维几何形状、材料属性、能源系统等。在模型中可标记和记录与碳排放相关的数据。

首先，使用 IES 软件创建建筑的几何模型。包括建筑的楼层、房间、墙壁、楼梯、窗户等元素的建模。准确的几何模型是后续模拟和分析的基础。

其次，在建筑模型中添加构件的信息。这包括每个构件的材料属性、尺寸等。通过添加构件信息，可以计算建筑的碳排放和材料使用量。

第三，在建筑模型中设置能源系统，如供暖、通风、空调等。这可以包括添加热源、空调设备、管道、风机等。能源系统的设置将影响能源模拟和碳排放的计算。

第四，将收集到的能源数据应用到建筑模型中。这可以包括建筑的能源使用量、设备的能效数据等。通过添加能源数据，可以模拟建筑的能源使用情况并计算碳排放。

第五，在建筑模型中记录与碳排放相关的信息。这可以包括每个构件的碳足迹、能源系统的能效数据、使用的可再生能源比例等。记录这些信息有助于后续的碳计算和分析。

第六，将建筑模型与碳计算工具或能源模拟软件进行链接。这样可以将建筑模型中的数据传递给计算工具，进行碳排放的计算和能源模拟的分析。

第七，在建立模型的过程中，确保数据的准确性和一致性。检查和验证构件信息、能源系统设置、能源数据等，以确保模型反映真实的建筑属性和运行特点。

4）监测和控制

在建筑运营阶段，持续监测能源使用和碳排放情况。使用建筑管理系统等工具对能源系统进行监控和控制，确保建筑的实际碳排放符合预期。

（1）实时数据监测。设置传感器和监测设备，对建筑的能源使用、室内环境条件、碳排放等关键参数进行实时监测。收集和记录实时数据，以了解建筑的运行状况和性能。

（2）数据分析和报告。对收集到的实时数据进行分析和处理。使用数据分析工具和算法，提取关键指标和趋势，生成报告和可视化图表，以支持决策和管理。

（3）能源管理和优化。基于实时数据和分析结果，进行能源管理和优化。识别能源消耗的关键点和问题，并采取措施进行能源节约和碳减排。通过监测和控制建筑系统的运行，优化能源利用效率。

（4）室内环境控制。根据室内环境监测数据，进行室内环境控制。通过自动化控制系统、智能调节设备等手段，维持室内温度、湿度、空气质量等参数在舒适范围内，提供良好的室内环境。

（5）故障诊断和预警。利用实时数据监测和分析，进行故障诊断和异常预警。通过对比实际数据与预设模型或基准值，发现潜在的故障或问题，并及时采取措施进行修复和改进，以避免能源浪费和不必要的碳排放。

（6）运营绩效评估。根据监测数据和分析结果，评估建筑的运营绩效和达成的碳中和目标。通过与设定的指标和标准进行对比，识别改进的潜力和机会，并制定相应的改进措施。

（7）数据共享与报告。与利益相关者共享监测数据和分析报告。通过数据共享平台或定期报告，向建筑所有者、运营团队和利益相关者提供关键数据和信息，促进合作、反馈和持续改进。

（8）持续改进和优化。基于监测和控制结果，持续进行改进和优化工作。根据实际数据和反馈，调整和改进碳中和建筑信息模型，优化能源管理策略和控制措施，以实现更高的能效和碳减排效果。

5）更新和迭代

定期更新建筑信息模型和碳计算工具，以反映建筑的变化和改进措施的效果。持续迭代和优化建筑的设计和运营，以实现碳中和的目标。

（1）数据更新。根据实际运行数据和新收集的信息，更新建筑模型中的数据和参数。包括更新能源使用数据、材料信息、室内环境数据等，以保持模型的准确性和可靠性。

（2）模型修正和改进。根据实际数据和反馈，修正和改进碳中和建筑信息模型。优化模型的算法、参数和假设，以提高模型的预测能力和准确性。

（3）新技术应用。关注新的碳中和建筑技术和解决方案，将其应用到建立的模型中。例如，新型能源系统、节能设备、智能控制系统等，通过模型更新和迭代，评估其潜在效益和可行性。

（4）目标更新和调整。根据实际需求和目标的变化，更新和调整碳中和目标和指标。例如，根据政府政策、行业标准或建筑所有者的要求，更新碳排放目标或能源效率目标。

（5）方案比较和评估。通过更新后的模型，比较不同设计方案或优化措施的性能和效益。再进行方案评估和经济性分析，以确定最佳的碳中和策略和措施。

（6）培训和知识传递。进行团队培训和知识传递，确保相关人员了解和熟悉更新后的模型和工作流程。提供培训材料、指导手册或培训会议，以便团队能够有效地使用和操作模型。

（7）持续监测和控制。在更新和迭代阶段，继续进行实时数据监测和控制工作。确保模型与实际运行的一致性，并及时发现和解决潜在的问题或异常。

（8）反馈和改进循环。通过收集反馈意见和建议，进行改进循环。与建筑所有者、运营团队和利益相关者沟通，了解他们的需求和反馈，以不断改进模型和工作流程。

6）模拟和验证

（1）实测数据采集。进行实地测量和数据采集，收集建筑实际运行中的能耗数据、碳排放数据和室内环境数据。这有助于验证模型的准确性，并为后续优化和决策提供实际基础。

（2）碳排放模拟验证。使用建立的碳中和建筑信息模型，进行碳排放模拟。将建筑模型的能源使用数据和材料信息输入碳计算工具或能源模拟软件，验证模拟结果的准确性和可靠性。

（3）能源模拟验证。进行能源模拟验证，通过模拟建筑的能源使用情况和性能，与实际数据进行比较和验证。这有助于评估能源模拟的准确性和模型的可靠性。

（4）室内环境模拟验证。进行室内环境模拟验证，模拟建筑的照明、通风、热舒适性等方面的性能。通过与实际测量数据进行比较，验证模拟结果的准确性和模型的可靠性。

（5）天气数据验证。验证所使用的天气数据的准确性和适用性。比较模拟使用的天气数据与实际观测数据的差异，并进行修正和调整，以提高模拟的准确性。

（6）对比分析。将模拟结果与实测数据进行对比分析，验证模拟的准确性和可靠性，并评估模型的预测能力。比较不同设计方案或优化措施的模拟结果和实测数据，验证其效果和可行性。

（7）灵敏度分析。进行灵敏度分析，评估不同因素对模拟结果的影响程度。通过调整模型中的参数和输入数据，观察模拟结果的变化，分析关键参数和因素对建筑性能和碳排放的影响。

（8）模型校正。根据模拟和验证的结果，对建立的碳中和建筑信息模型进行校正和改进。根据实际数据和验证结果，修正模型中的参数，提高模型的准确性和可靠性。

6.3.1　初始方案建筑碳排放计算结果

使用碳计算工具或能源模拟软件对建筑模型进行分析和评估。这些工具可以根据建筑的能源使用情况、材料属性等数据计算出建筑的碳排放量，并提供相关的分析报告。

（1）碳排放计算　使用碳计算工具或能源模拟软件对建筑模型进行碳排放计算。根据模型中的能源使用数据、材料属性和能效信息，计算建筑的碳排放量。这可以包括整体碳足迹、每个构件或系统的碳排放等。建筑生命周期的总 CO_2 排放量等于物化阶段（C_M）、运行阶段（C_O）和拆除阶段（C_E）的总和。根据《建筑碳排放计算标准》GBT 51366—2019 中的等效公式，估算各阶段的 CO_2 排放量。该原理可以用数学方法描述如下：

$$C_{LC}=C_M+C_O+C_E=\sum_{i=1}^{n} Q_i \times EF_i \qquad (6-1)$$

其中，C 是 CO_2 的生命周期总排放量；n 是阶段和过程的总数；Q_i 表示能量消耗、材料使用或运输距离；EF_i 是碳排放因子。

数据来源于项目清单、能源模拟、文献综述和相关规范。案例建筑在 5 个代表城市的 CO_2 排放量如图 6-4 和表 6-7 所示。生命周期 CO_2 排放评估的具体方程式如表 6-8 所示。

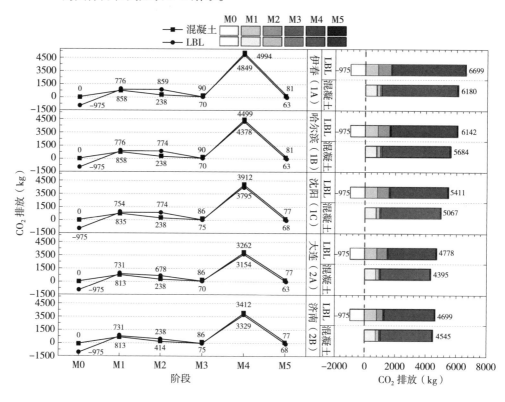

图 6-4　5 个代表城市案例建筑全生命周期 CO_2 排放

分区	建筑案例	碳排放量（kg/m²）							
		种植	生产	运输	建设	运行	拆除	生命周期	净值
伊春（1A）	混凝土	0	776	238	90	4 994	81	6 180	6 180
	LBL	−975	858	859	70	4 849	63	6 699	5 724
哈尔滨（1B）	混凝土	0	776	238	90	4 499	81	5 684	5 684
	LBL	−975	858	774	70	4 378	63	6 142	5 167
沈阳（1C）	混凝土	0	754	238	86	3 912	77	5 067	5 067
	LBL	−975	835	638	75	3 795	68	5 411	4 436
大连（2A）	混凝土	0	731	238	86	3 262	77	4 395	4 395
	LBL	−975	813	678	70	3 154	63	4 778	3 803
济南（2B）	混凝土	0	731	238	86	3 412	77	4 545	4 545
	LBL	−975	813	414	75	3 329	68	4 699	3 724

生命周期 CO_2 排放评估方程式 表 6-8

阶段	排放量计算	详情
物化阶段	$C_M = C_{M1} + C_{M2} + C_{M3} - CS_{M0}$	C_M 表示物化阶段排放
种植（M0）	$CS_{M0} = CS \times n$	CS 是种植产生的 CO_2 储量，是指种植阶段每单位体积竹子的年均 CO_2 储量，n 是竹子的生长周期
生产（M1）	$C_{M1} = \sum_{i=1}^{n} M_i EF_i$	C_{M1} 是生产产生的 CO_2 排放量，M_i 是 i 种材料的消耗量，EF_i 是第 i 个材料的 CO_2 排系数
运输（M2）	$C_{M2} = \sum_{i=1}^{n} M_i D_i EF_i$	C_{M2} 是运输产生的 CO_2 排放量，M_i 是第 i 种材料的消耗量，D_i 是第 i 种物质的平均距离，EF_i 是第 i 种材料按运输方式的 CO_2 排放系数
建设（M3）	$C_{M3} = \sum_{i=1}^{n} E_i EF_i$	C_{M3} 施工产生的 CO_2 排放量，E_i 是第 i 种能源的消耗量，EF_i 是第 i 种材料的 CO_2 排放量因子
运行阶段	$C_O = \left(\sum_{i=1}^{n} E_i EF_i \right) y$	C_O 是运行阶段的 CO_2 排放量，E_i 是第 i 种能源消耗量，EF_i 是第 i 次能源的 CO_2 排放因子，y 是建筑寿命
生命周期结束	$C_E = C_{M3} \times m$	C_E 是 EoL 阶段的 CO_2 排放量，m 是排放系数
生命周期	$C_{LC} = C_M + C_O + C_E$	C_{LC} 表示建筑生命周期 CO_2 排放量

（2）能源模拟和分析　使用能源模拟软件对建筑模型进行模拟和分析，评估建筑的能源效率和热舒适。本案例能耗模拟结果如表 6-9 和图 6-5 所示。

（3）环境影响评估　进行环境影响评估，包括建筑材料的生命周期分析（LCA）、水资源利用分析、废物管理评估等。这有助于评估建筑在不同环境的潜在影响，并提供改进的方向。

（4）数据分析和可视化　分析收集到的数据和计算结果，进行数据可视化。使用数据分析工具和图表，识别能源使用的热点、碳排放的主要来源

<table>
<caption>能耗模拟结果　　　　　　　　　　　表 6-9</caption>

城市	材料	采暖（kWh/m²）		制冷（kWh/m²）		设备 & 照明（kWh/m²）		总计（kWh/m²）
		值	占比	值	占比	值	占比	
伊春（1A）	混凝土	128.48	74.27%	0.76	0.44%	43.75	25.29%	172.99
	LBL	122.55	73.30%	0.86	0.51%	43.79	26.19%	167.20
哈尔滨（1B）	混凝土	107.55	70.29%	2.38	1.55%	43.07	28.15%	153.00
	LBL	102.55	69.22%	2.49	1.68%	43.12	29.10%	148.16
沈阳（1C）	混凝土	80.91	62.88%	3.17	2.46%	44.60	34.66%	128.68
	LBL	75.97	61.29%	3.33	2.69%	44.66	36.02%	123.96
大连（2A）	混凝土	54.90	53.32%	4.31	4.18%	43.75	42.49%	102.96
	LBL	50.38	51.09%	4.44	4.50%	43.80	44.41%	98.62
济南（2B）	混凝土	46.52	47.99%	6.54	6.74%	43.89	45.27%	96.94
	LBL	43.00	45.96%	6.65	7.10%	43.93	46.94%	93.58

</table>

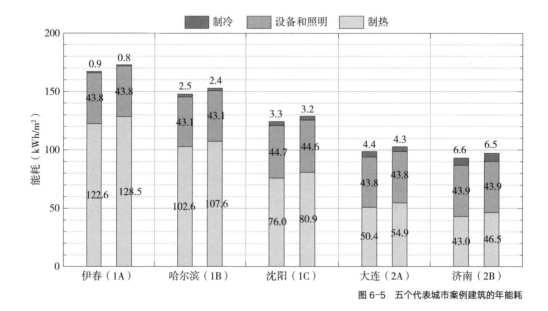

图 6-5　五个代表城市案例建筑的年能耗

等，并展示评估结果给利益相关者。

（5）效果评估和对比分析　评估不同设计方案或优化措施的效果。通过对比分析不同方案的碳排放、能源消耗、环境影响等指标，确定最具可行性和可持续性的方案或优化措施。

（6）风险评估　评估建筑设计和运营中的潜在风险，包括碳定价的风险、能源价格的波动风险等。这有助于制定风险管理策略和决策。

（7）可行性研究　进行碳中和建筑方案的可行性研究。评估碳中和措施的技术、经济和社会可行性，并确定其在项目实施中的可行性和可持续性。

6.3.2　优化方案建筑碳排放计算结果

1）优化设计

根据分析结果，进行设计优化以减少建筑的碳排放。通过调整建筑的设计参数、采用低碳材料、改进能源效率等方式来降低碳足迹。

（1）材料和构件优化。通过评估建筑材料的碳足迹和环境影响，选择更环保和低碳排放的材料。可优化构件设计，以减少材料的使用量和碳排放。例如，采用可再生材料、可回收材料或轻质材料。

（2）能源系统优化。优化建筑的能源系统设计，以提高能源效率和减少碳排放。这可以包括采用高效的供暖、通风、空调系统，利用可再生能源，改进控制策略等。

（3）被动设计策略。采用被动设计策略来优化建筑的能源性能。这包括最大限度地利用自然采光、自然通风、隔热、遮阳等设计措施，以减少对机械系统的依赖。

（4）智能控制系统。引入智能控制系统来监测和优化建筑的能源使用。这可以包括使用建筑自动化系统、传感器和智能控制算法，实现精确的能源管理和最优的能源利用。

（5）优化供热供冷系统。对供热供冷系统进行优化，减少能源消耗和碳排放。可使用高效的供热供冷设备、优化供热供冷网络的设计、采用地源热泵、太阳能热水系统等可持续技术。

（6）水资源管理。优化建筑的水资源管理，减少用水量和水资源的消耗。采用节水设备、回收利用雨水、灰水等技术，实施雨水收集系统和高效灌溉系统。

（7）智能照明设计。采用智能照明系统和高效照明设备，以减少电力消耗和碳排放。使用传感器、光照控制、自动调光等技术，实现节能照明和舒适的照明环境。

（8）建筑围护结构优化。通过优化建筑的围护结构，改善建筑的隔热性能和气密性，减少能量损失。可采用高性能窗户、绝缘材料、隔热墙体等措施，减少热量传输和能源消耗。

（9）周期性评估和反馈。进行周期性的评估和反馈，根据实际数据对优化设计的效果进行监测和评估。可通过收集和分析实际运行数据，进行后续改进和优化。

2）可持续效应

碳中和建筑信息模型的实践可以产生多方面的效益：

（1）减少碳排放。碳中和建筑信息模型的建立能够全面评估住宅的碳

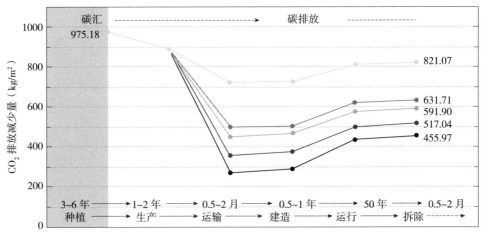

图 6-6　LBL 建筑生命周期中 CO₂ 减排趋势

五个城市 LBL 建筑的 CO₂ 减排　　　　　　　　表 6-10

LBL 建筑	净排放 (kg/m²)	M1 (kg/m²)		M2 (kg/m²)		M3 (kg/m²)		M4 (kg/m²)		M5 (kg/m²)	
	值	值	占比	值	占比	值	占比	值	占比	值	占比
伊春	456.0	−81.6	−18%	−620.8	−136%	20.0	4%	145.2	32%	22.0	5%
哈尔滨	517.0	−81.6	−16%	−535.4	−104%	20.0	4%	120.9	23%	21.0	4%
沈阳	631.7	−81.6	−13%	−399.7	−63%	11.0	2%	117.0	19%	11.9	2%
大连	591.9	−81.6	−14%	−439.9	−74%	16.0	3%	107.9	18%	15.4	3%
济南	821.1	−81.6	−10%	−176.2	−21%	11.0	1%	82.8	10%	9.9	1%

注：正值代表节能，负值表示能耗增加。

排放情况，并帮助识别能源消耗的热点和问题。通过优化设计、改进能源效率和采用低碳技术，可以减少住宅的碳排放量，对应对气候变化产生积极影响。本案例中 LBL 建筑全生命周期的减碳趋势和各阶段的减碳值如图 6-6 和表 6-10 所示。

（2）提高能源效率。通过模型中的能源模拟和分析，可以识别能源消耗的主要来源，并找到节约能源的潜力。通过优化建筑结构、改进设备效能、增强绝热性能等手段，可以降低住宅的能源消耗，实现能源的可持续利用。建立碳中和建筑信息模型可以帮助识别和分析住宅能源系统的性能。通过优化设计、采用高效设备和控制系统，提高能源系统的效率，减少能源的浪费，降低运营成本，并提升住宅的能源利用效率。5 个代表城市 LBL 建筑各方面的节能效果如表 6-11 所示。

（3）提升室内舒适性。通过建立碳中和建筑信息模型并提升室内热舒

表 6-11

LBL 建筑	采暖（kWh/m^2）		制冷（kWh/m^2）		设备 & 照明（kWh/m^2）		净能耗（kWh/m^2）	
	值	节能率	值	节能率	值	节能率	值	节能率
伊春	5.93	4.61%	−0.10	−13.56%	−0.04	−0.08%	5.79	3.35%
哈尔滨	5.00	4.65%	−0.12	−4.87%	−0.04	−0.09%	4.85	3.17%
沈阳	4.93	6.10%	−0.16	−5.05%	−0.06	−0.13%	4.72	3.67%
大连	4.52	8.23%	−0.13	−3.05%	−0.05	−0.11%	4.34	4.21%
济南	3.52	7.56%	−0.11	−1.70%	−0.04	−0.09%	3.37	3.47%

注：正值代表节能，负值表示能耗增加。

适性，能够创造健康舒适的居住环境，提高居住者的生活品质，同时实现可持续发展和经济效益的双赢局面。它能创造健康、舒适的居住环境，促进居住者的身心健康与幸福感。其次，室内热舒适性的提升可以提高工作和学习效率，帮助居住者更加专注、高效地完成任务。第三，优化热舒适性有助于节约能源、减少碳排放，实现可持续发展的目标。此外，提升热舒适性还能增加住宅的市场竞争力，吸引更多潜在买家，并为开发商和投资者带来经济回报。

（4）促进材料循环利用。碳中和建筑信息模型可以考虑住宅所使用的材料类型和材料来源。首先，它能够评估和比较不同材料的碳排放和环境影响，从而帮助整合低碳材料或环保材料的选择策略。其次，模型能够促进循环经济原则，跟踪和管理建筑材料的来源、使用和终端处理，推动材料的再利用、回收和再循环，减少资源消耗和废弃物产生。此外，通过能源和资源评估，模型还能优化材料的能耗和使用量，节约能源和资源。最后，碳中和建筑信息模型与智能材料管理系统集成，实现对材料的实时监测和管理，提高材料的效能和可持续性。综合而言，这些优势共同助力于实现建筑行业的可持续发展目标，减少碳排放，降低环境影响，并提高建筑物的效能和可持续性。

（5）节约建设成本。碳中和建筑信息模型通过减少浪费、提高效率和提供决策支持，能够最大程度地节约建设成本、增强建筑项目的经济可行性和可持续性。首先，通过智能设计和优化算法，模型能够提供高效、经济的建筑设计方案，最大程度降低建设成本。其次，通过全面的成本预测和评估，模型能够帮助发现潜在的成本风险和优化机会，降低建设成本。此外，与智能施工技术和项目管理系统结合使用，模型可以提高施工过程的效率和准确性，降低人力成本和延期风险。最后，模型在建筑的维护和运营阶段，通过实时数据和监测信息，实现能源管理优化和设备效率提升，降低维护和运营成本。

（6）促进全流程智能化。碳中和建筑信息模型通过智能化的监测、设计、施工和运营，能够实现建筑的智能化管理和优化、提高能源效率、减少碳排放，并提升居住者的生活质量。首先，模型可以与传感器和数据采集系统集成，实现实时监测和数据收集，从而实现建筑的智能化管理。其次，模型可以通过数据分析和算法优化，提供智能化的建筑设计和优化方案，以最大程度地降低能耗和碳排放。此外，模型还能与智能施工技术和设备集成，实现自动化和智能化的施工过程，提高效率和准确性。最后，碳中和建筑信息模型可以与智能控制系统结合，实现建筑能源的智能管理和优化，提升能源利用效率和室内环境舒适性。

6.4.1 本章难点总结

1. 数据收集和准确性：获取项目的能源使用数据、材料数据和环境数据可能面临一定的困难。如何确保数据的准确性和完整性、克服数据获取的障碍是模拟准确性的重要保障。

2. 碳排放量评估方法：确定建筑的碳排放量需要使用适宜的评估方法和工具。不同的评估方法存在差异，可能导致结果的不一致。在实践过程中，如何确保其可靠性并选择合适的方法是评估的关键。

3. 模拟和分析的复杂性：进行建筑能耗模拟和碳排放分析需要使用复杂的软件工具和模型。如何有效利用这些工具和模型，进一步解释和分析模拟结果，是改进模拟案例的前提。

4. 材料的选择和可行性：选择可持续材料和技术是实现碳中和建筑的关键因素之一。然而，可持续材料和技术的选择可能受到供应链和市场的限制。如何选择适合的可持续材料和技术，解决可持续材料和技术的供应问题是方案落实的必要条件。

6.4.2 思考题

1. 在建立模型时，如何获取建筑相关的数据？有哪些数据是必要的？如何确保数据的准确性和完整性？

2. 如何对收集到的数据进行处理和整合，以便在模型中使用？如何解决数据格式、结构和标准的兼容性问题？

3. 在建立模型时，应考虑哪些参数和因素？如何确定这些参数和因素的权重和关系？

4. 如何确保建立的模型具有足够的精度和可靠性？如何验证模型的准确性和与实际建筑的一致性？

5. 在建立模型时需要使用哪些技术工具和软件？如何学习和掌握这些工具和软件的操作技巧？

6. 建立模型后，如何应用和解读模型的结果？如何根据模型结果提出优化建议和决策？

7. 在建立模型的过程中，如何考虑建筑的环境影响和可持续性问题？如何通过模型来减少碳排放和优化资源利用？

8. 在处理和使用建筑相关数据时，如何确保数据的隐私和安全性？如何遵守相关的伦理准则和法规？

9. 如何平衡碳中和建筑的设计优化和成本之间的关系？你认为哪些策略可以帮助实现这一目标？

10. 可持续材料和技术对于碳中和建筑的实现至关重要。你认为应该如何促进可持续材料和技术的发展和应用？

11. 除了碳中和建筑信息模型，你是否了解其他可用于减少建筑碳排放的方法和技术？请列举并简要描述其中一种方法或技术。

第 7 章

碳中和建筑信息模型案例实践
——社区综合体

本章主要内容及逻辑关系如图 7-1 所示。

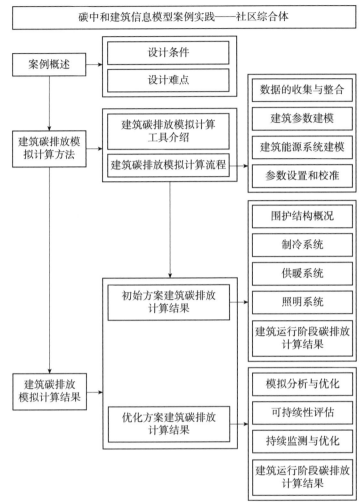

图 7-1　本章主要内容及逻辑关系

本章聚焦于一座社区综合体的设计方案与建筑运行阶段的碳排放计算分析流程。融创·云帆未来社区是浙江省首批新建未来社区试点项目之一，该项目以政府的顶层规划为基础，旨在满足社区居民全生活链的服务需求，并以以人为本化、生态化和数字化为核心价值导向。该社区特色化定位于未来交通、治理、创业、建筑、教育、健康、服务、邻里和低碳九大场景，旨在成为我国未来社区的样板作品，如图7-2所示。

图 7-2　社区综合体效果图

7.1.1　设计条件

项目主要经济技术指标如表7-1所示：

（1）本项目不设集中供暖；住宅设户式中央空调；公共建筑设集中能源站，单体设夏季供冷、冬季供暖的集中空调系统。能源站制热拟采用冷凝式锅炉，制冷采用电制冷、蓄冰、冷却塔相结合免费供冷方式。

（2）空调室内温度、湿度、新风量等设计参数均符合《民用建筑供暖通风与空气调节设计规范》GB 50736—2012、现行地方标准《公共建筑节能设计标准》DB 33/1036、《居住建筑节能设计标准》DB 33/1015及卫生防疫的相关规定。主要功能房间的室内噪声级符合《民用建筑隔声设计规范》GB 50118的规定。

（3）施工图设计阶段对每一个空调房间或区域进行热负荷和逐项逐时的冷负荷计算，并作为空调冷热源、空气处理设备的选型依据。

（4）空调冷热源、输配系统能效符合现行国家标准《公共建筑节能设计

				类别	平衡后	单位	任务书要求
1				总用地面积	199 682	m²	199 682
				总建筑面积	749 081	m²	
2				计容建筑面积	520 821	m²	522 750
	67.4%			住宅	351 070	m²	355 270
	32.6%			商业及配套	169 751	m²	
	7%	商业 3.7w		街区商业	12 000	m²	
				社区商业中心（其中1万 m² 为其余地块商业配套指标平衡过来）	25 000	m²	
	10%	办公		办公写字楼	52 000	m²	
	9%	公寓		人才创业公寓	30 000	m²	
	7%	九大场景 3.6w		双创中心（含咖啡厅，士多）	20 000	m²	
				邻里中心 + 云帆里人文平台	9 750	m²	
				康体中心	6 200	m²	
	2%	物业		物业经营用房（住宅1%）	3 607	m²	3 555
				物业管理用房（计容建筑面积0.3%）	1 605	m²	1 568
		其他		（公厕，开闭所）	3 989	m²	
	1%	教育		幼儿园	5 600	m²	
3				不计容建筑面积	228 260	m²	
	其中			地上不计容	12 180	m²	
		其中		大堂层架空	12 180	m²	
						m²	
		总地下车库建筑面积（含基础设施配套及机房）			216 080	m²	
		其中		人防面积（新建居民住宅修建比例11%，其他民用建筑修建比例8%）	48 687	m²	
				非人防面积		m²	

		车位		机动车	自行车		
4		总停车位数		5 522	4 950	辆	
		地下停车位		5 402		辆	
	其中	人防车位		1 217		辆	
		非人防车位		4 185		辆	
	地上停车位			120	635	辆	

5	容积率	2.6	
	住宅计容建筑比例	67.4%	不大于68%
	商业、办公、配套设施计容建筑比例	32.6%	
	建筑基底面积	69 889	m²
	建筑密度	35%	
	绿化率	28%	
	限高	93	m
	绿化面积	56 671	m²
	总户数	2 809	户

标准》GB 50189、《夏热冬冷地区居住建筑节能设计标准》JGJ 134 和现行地方标准《公共建筑节能设计标准》DB 33/1036、《居住建筑节能设计标准》DB 33/1015 的要求，并同时满足现行地方标准《绿色建筑设计标准》DB 33/1092、现行国家标准《绿色建筑评价标准》GB/T 50378—2019 二星级的要求。

（5）严禁采用直接电加热设备、电加湿设备。

（6）所有能源消耗，电、水、燃气均设计消耗量。通风、空调系统，均进行自动监测和控制。

（7）制冷剂采用环保工质。

（8）空调冷热源的能效比在满足《公共建筑节能设计标准》GB 50189 的基础上进行提升，电制冷的提升 6%，多联机提升 16%，锅炉提升 2%；分体空调不低于现行国家标准《房间空气调节器能效限定值及能源效率等级》GB 12021.3—2010 中的 2 级标准。

（9）地下车库机械通风系统采用一氧化碳监控，自动控制风机运行。

（10）人员密集的房间的空调系统设置二氧化碳监控，并联动控制空调系统的新风量，采用新风需求控制。

（11）电机功率大于等于 7.5kW 的风机、水泵等设备均采用变频技术。

（12）水系统采用同程布置，尽量水力平衡。

（13）采用冰蓄冷空调，蓄能平衡电网，过渡季冷却塔免费供冷，实现全方位节能。

（14）空调主机冷凝热回收预热生活热水，排风能量回收预热新风。

（15）空调、通风系统智能化，运行数字化，打造智慧能源、低碳社区。

7.1.2　设计难点

（1）数据获取和整合的复杂性　学生在社区综合体的建模学习中可能会遇到数据获取和整合的挑战。社区涉及多个建筑单元和系统，不同数据源的格式不一致、质量参差不齐，甚至可能存在缺失。学生需要克服数据标准化、数据共享和数据质量控制等方面的困难，以确保建模过程中使用的数据准确且完整。

（2）模型复杂性的理解　社区综合体的建筑单元和能源系统复杂多样，需要考虑多个层面和领域。学生在建立模型时需要深入思考建筑单元的多样性、能源系统的互联关系，以及交通系统的影响。模型的复杂性可能导致在建模过程中出现各种困难，包括建筑单元的准确建模、系统的有效集成以及参数的合理设置等方面。

（3）精确性和可靠性的挑战　在建立模型的过程中，学生需要获取建筑和能源系统的准确参数和性能数据。这可能涉及实地测量、数据收集以及监测设备的使用。确保数据的精确性和可靠性是一个挑战，尤其是在社区综合体这样大规模的项目中。

（4）多尺度建模的协调　社区综合体需要在不同尺度上进行建模，涉及建筑、区域和城市层面。学生在建立多尺度模型时需要考虑数据的一致性、模型的协调性以及不同尺度之间的相互影响。同时，要能够综合考虑建筑单元的细节和整体系统的一致性。

（5）不确定性管理的复杂性　在建模过程中存在各种不确定性因素，如气候变化、用户行为变化和设备性能变化。学生需要学会进行不确定性管理，包括灵敏度分析、风险评估和鲁棒优化等方法，以评估不确定因素对模型结果的影响，并制定相应的应对策略。

（6）数据量和计算复杂性的处理　社区综合体建模需要处理大量数据和进行复杂的计算。这可能需要学生借助高性能计算和大数据处理技术，以应对数据量和计算复杂性的挑战。同时，确保模型的高效性和计算的实时性也是一个学习上的挑战。

7.2.1 建筑碳排放模拟计算工具介绍

建筑碳排放软件 CEEB 是一款专为建筑全生命周期碳排放计算而设计的软件，它能够帮助用户全面、准确地评估建筑的碳排放情况，为建筑行业的绿色发展和碳中和目标的实现提供有力支持。该软件依据《建筑碳排放计算标准》GB/T 51366—2019 等国家标准进行研发，适用于新建、改建、扩建建筑的全生命周期碳排放计算，功能和亮点如下：

（1）全周期覆盖　从工程项目立项策划、建造施工、运行管理到拆除各阶段，CEEB 都提供了全面的碳排放计算支持。无论是建材生产运输、建造拆除，还是运维等各个阶段，都能进行准确的碳排放分析。

（2）两种计算方式　为了满足不同用户的计算需求，CEEB 提供了快速估算和专业计算两种计算方式。快速估算方式适用于初步评估或快速决策，而专业计算方式则提供了更详细、更准确的碳排放数据。

（3）内置数据库　软件内置了多种建材碳排因子库、典型建筑主材指标、常见施工机械等数据，这大大提高了计算工作效率和准确性。

（4）多种能耗计算　软件不仅支持冷热源系统运行策略的能耗计算，还能进行太阳能热水、光伏风力发电、绿植碳汇等固碳量的计算，从而为用户提供更全面的碳排放和碳减排分析。

（5）与其他软件兼容　CEEB 软件功能完整，可以与节能设计软件（BECS）、能耗计算软件（BESI）等配套使用，实现数据的相互兼容和共享。

（6）报告生成　软件生成的报告书内容详细，包含图表辅助统计，使得用户能够直观地了解建筑碳排放情况，为决策提供支持。

7.2.2 建筑碳排放模拟计算流程

该项目的碳排放模拟计算流程包含数据收集与整合、建筑参数建模、建筑能源系统建模、参数设置和校准等关键步骤。

1）数据的收集与整合

在社区综合体的碳中和建筑信息模型的建模过程中，数据收集与整合是一个关键的步骤。这个过程涉及收集和整合多个建筑单位的数据，以构建整体的社区综合体数据集。

（1）收集每个建筑单位的几何数据　包括建筑的平面布局、楼层高度、立面形状等。这些数据可以通过建筑平面图、CAD 文件或激光扫描等方式获取。

（2）材料属性数据　收集每个建筑单位使用的材料属性数据，包括墙体、屋顶、地板等的材料类型、热传导系数、太阳辐射吸收系数等。这些数据可以通过建筑材料厂商提供的技术手册、实验室测试数据或建筑信息数据库获取，主要建筑材料详情如表 7-2 所示。

主要建筑材料详情 表 7-2

材料名称		材料类型	
混凝土（均采用预拌混凝土）	强度等级	竖向构件（剪力墙、框架柱）	采用 C30~C50
		地下室外墙	采用 C30~C40
		梁、板等	采用 C30~C40
		构造柱、过梁等次要构件	采用 C25
		垫层	采用 C15
	抗渗等级	地下室外墙、底板和顶板，屋面板、水箱防水混凝土	P10、P8、P6
钢筋		受力钢筋牌号	采用 HRB400、HRB400E
		构造钢筋及分布钢筋	一般采用牌号 HPB300
钢材		受力钢材	主要采用牌号 Q345B
		构造用途钢板	采用 Q235
焊条		E43	HPB300 级钢筋、Q235 钢板焊接
		E55	HRB400 级钢筋、Q355 钢板焊接
填充墙		外墙	采用蒸养加气混凝土砌块
		内墙	采用轻质墙板或蒸养加气混凝土砌块，以减轻结构自重，降低造价
		填充墙	其砌筑砂浆均采用专用预拌砂浆

（3）设备参数数据 收集每个建筑单位所使用的设备参数数据，包括供暖、通风、空调、照明等设备的功率、效率、控制策略等。这些数据可以通过设备制造商提供的技术手册、设备监测数据或设备规格表获取。

（4）能耗数据 收集每个建筑单位的能耗数据，包括电力消耗、燃气消耗等。这些数据可以从建筑的能源计量系统、能源账单或监测设备获取。此外，还可以考虑使用智能电表和传感器等技术，实时监测能耗数据。

（5）建筑使用模式数据 了解每个建筑单位的使用模式和人员密度等信息。这包括建筑的办公时间、使用活动、人员流量等。这些数据可以通过调研问卷、人员调查、人流统计等方式获取。

（6）数据格式和标准化 在数据收集过程中，需要考虑数据的格式和标准化。数据应该以统一的格式进行记录和整合，以便后续的建模和分析。可以使用标准的数据格式，如建筑信息模型（BIM）标准、XML、CSV 等，确保数据的一致性和互操作性。

（7）数据共享和隐私保护　在数据收集和整合过程中，需要考虑数据共享和隐私保护的问题。建筑单位可能拥有自己的数据隐私要求，需要确保数据的安全性和合规性。与建筑单位进行合作，制定数据共享协议，并遵守相关的数据隐私法规和政策。

（8）数据的完整性和准确性　确保收集的数据完整和准确是非常重要的。在收集过程中，需要与建筑单位进行充分的沟通和确认，确保数据的准确性和可靠性。数据的缺失或错误可能会影响模型的精度和准确性。

2）建筑参数建模

（1）建筑几何模型　使用建筑信息模型（BIM）软件或 CAD 工具等，根据收集到的建筑几何数据，创建建筑的几何模型。这包括建筑的平面布局、立面形状、楼层高度、房间划分等。几何模型应准确反映建筑的形状和结构特征。建筑模块建模如图 7-3 所示。

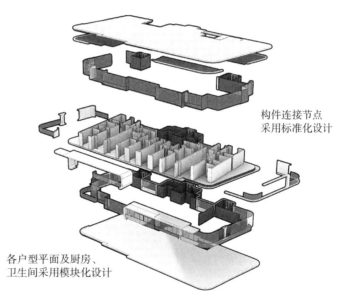

构件连接节点
采用标准化设计

各户型平面及厨房、
卫生间采用模块化设计

图 7-3　建筑模块建模

（2）建筑系统和设备模型　对建筑的供暖、通风、空调、照明等系统进行建模。这包括建筑系统的组成部分、设备的布局和连接关系等。在建模过程中，考虑设备的参数和性能，如供暖设备的功率、空调系统的制冷效率等。建筑设备建模如图 7-4 所示。

（3）材料属性模型　为建筑单元中使用的材料设置属性。这包括墙体、屋顶、地板等材料的类型、热传导系数、太阳辐射吸收系数等。设置准确的材料属性对于模型的准确性和精度至关重要。

针对家庭的提升方案：

家庭除霾新风换气机：除霾、
防霉、节能

家庭新风换气系统

HTSG(600A)型移动款
等离子空气消毒机

针对公共空间的提升方案：

空气质量传感器与物联网方案

初效+中效过滤器

光氢离子空气净化器

集中空调 系统防疫方案

高压静电消毒机

图 7-4　建筑设备建模

（4）建筑关联关系模型　建立建筑单元之间的关联关系。这包括建筑之间的共享墙体、楼梯、电梯等共同使用的设施。关联关系模型可以确保模型的一致性和连贯性，以便进行综合分析和优化。

（5）空间划分和用途模型　划分建筑内部的空间和用途。这包括划分房间、办公区域、会议室、公共空间等。空间划分和用途模型有助于后续的能耗分析和室内环境模拟如图 7-5 所示。

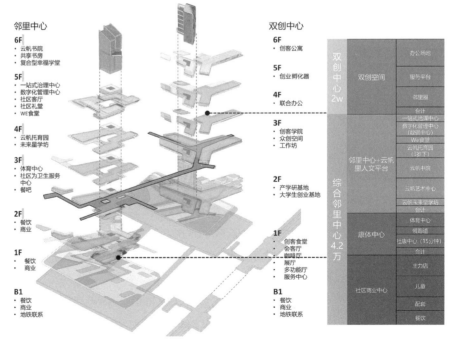

图 7-5　建筑功能划分

（6）控制策略模型　考虑建筑内部的控制策略，如温度设定、照明控制、通风调节等。控制策略模型可以帮助评估和优化建筑的能源效率和室内舒适性。

（7）基础设施建模　对社区综合体中的基础设施进行建模，包括供水系统、供电系统、排水系统等。这些基础设施的建模应考虑其运行方式、管网布局和能耗特性，以便在模拟和优化过程中准确反映其对碳排放和能源消耗的影响。

（8）城市规划建模　考虑城市规划方面的因素，如土地利用规划、建筑密度、绿地覆盖等。这些因素对社区综合体的能源效率和碳排放有重要影响。建立城市规划模型可以评估不同规划方案对能源消耗和碳排放的潜在影响，并为城市规划者提供科学依据，如图7-6所示。

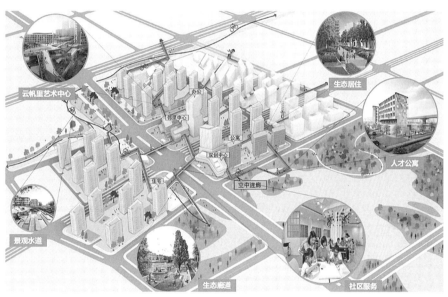

图7-6　城市规划建模

（9）交通系统建模　对社区综合体的交通系统进行建模，包括道路网络、公共交通系统和交通流量。交通系统的建模可以考虑车辆类型、交通模式选择、拥堵程度等因素，以评估交通对能源消耗和碳排放的影响，并探索交通管理和优化策略，如图7-7所示。

（10）模型验证和校准　对建筑单元模型进行验证和校准，确保其准确性和可靠性。模型验证可以通过与实际数据进行比较，如能耗数据、室内环境参数等。校准过程可能需要调整模型的参数和设置，以使模型与实际建筑的运行相匹配。

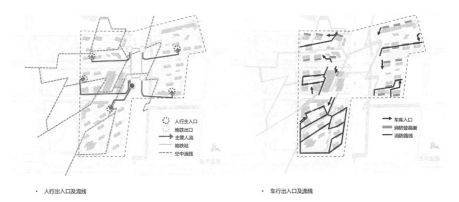

· 人行出入口及流线　　　　　　　　　　　　　· 车行出入口及流线

图 7-7　交通系统建模

3）建筑能源系统建模

能源系统建模是社区综合体的碳中和建筑信息模型中的重要步骤，它涉及对建筑的供暖、通风、空调、照明等能源系统进行建模。

（1）设备模型　建立能源系统中的各个设备的模型，包括供热设备（如锅炉、热泵）、供冷设备（如冷却塔、制冷机组）、通风设备（如风机、换风机）、照明设备等。设备模型应包括设备的特性、能耗曲线、效率参数等信息，如图 7-8 所示。

（2）系统布局　确定能源系统的布局和连接方式。这包括确定设备之间的传输管道、风道、电缆等布置。光伏板的布置如图 7-9 所示。建立合适的

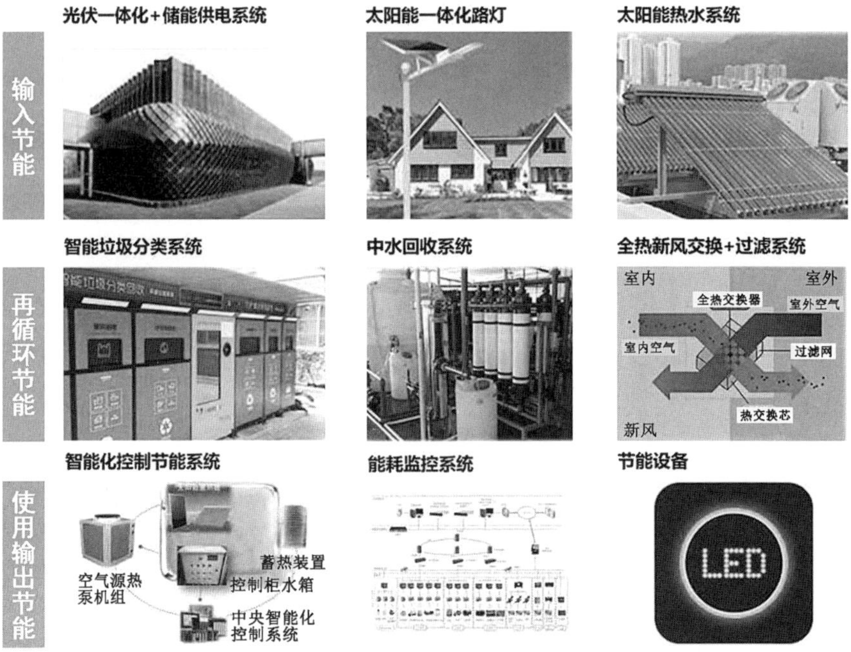

图 7-8　建筑设备系统

134

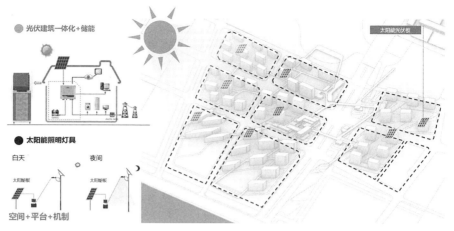

图 7-9 建筑光伏系统布置

系统布局可以准确反映能源流动和系统运行情况。

（3）控制策略模型 考虑能源系统的控制策略，如温度控制、湿度控制、灯光调光等。控制策略模型应包括设定参数、控制逻辑、时序和响应等方面的信息，以实现对能源系统运行的模拟和优化。

（4）能源消耗模型 建立能源消耗模型，以评估能源系统的能耗。该模型应基于设备模型、控制策略和建筑模型，考虑能源传输损失、能源转换效率等因素。能源消耗模型可用于评估不同运行模式和策略对能源消耗的影响。

（5）外部环境影响模型 考虑外部环境对能源系统的影响，如气候条件、太阳辐射、风速等。外部环境影响模型可以通过气象数据、太阳路径模拟等手段获取，用于评估系统的能源效率和可再生能源利用潜力。

（6）模型验证和校准 对能源系统模型进行验证和校准，以确保模型与实际系统的运行一致。模型验证可以通过与实际能耗数据的比较来进行。校准过程可能涉及调整模型中的参数、能耗曲线、设备效率等，以使模型与实际系统的性能匹配，建筑能源系统模型如图 7-10 所示。

（7）能源供应结构建模 考虑社区综合体的能源供应结构，包括供电系统的能源来源、能源转换设施等。建立能源供应结构模型可以评估能源的可再生比例、能源转换效率以及碳排放特征等，有助于制定能源转型和可持续能源策略。

（8）城市环境模型 考虑社区综合体的环境因素，如气候条件、太阳辐射、空气质量、噪声水平等。这些环境因素对社区综合体的可持续性和居住舒适度有影响。建立城市环境模型可以评估建筑和能源系统对环境的影响，并为提高环境质量提供参考。

（9）模拟和分析 利用城市层面模型进行模拟和分析，评估社区综合体的能源消耗、碳排放、环境质量等指标，太阳光照模拟如图 7-11 所示。可以探索不同城市的规划策略、交通管理方案、能源供应结构调整等方案，并

135

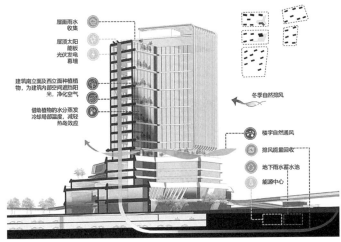

屋面雨水收集

屋顶太阳能板光伏发电幕墙

建筑南立面及西立面种植植物,为建筑内部空间遮挡阳光,净化空气

借助植物的水分蒸发冷却局部温度,减轻热岛效应

冬季自然排风

楼宇自然通风

排风能量回收

地下雨水蓄水池

能源中心

可持续建筑、零碳建筑、超低能耗建筑专项说明

1. 集中供冷系统(集中设置冷冻机房,提供制冷系统效率、减少总装机容量)

2. 冰蓄冷供冷系统(城市有峰谷电价优惠措施,可利用峰谷电价节省后期运行费用、减少总装机容量、平衡市政电网)

3. 采用高压制冷机组、大温差供冷系统(直接采用高压制冷机组,提高制冷效率;加大系统供冷温差,减少输送能耗)

4. 免费供冷:过渡季节利用冷却水、室外新风实现免费供冷

5. 排风能量回收,用于预处理新风

图 7-10 建筑能源系统模型

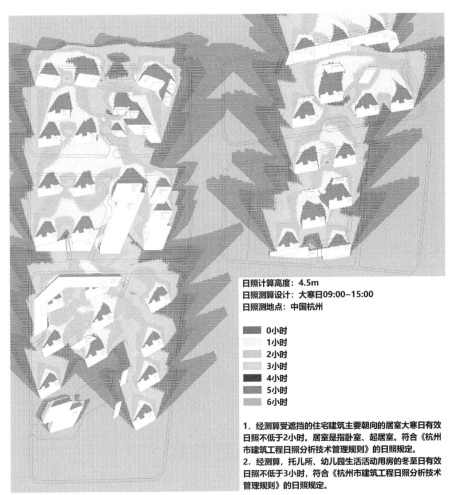

日照计算高度:4.5m
日照测算设计:大寒日09:00-15:00
日照测算地点:中国杭州

- 0小时
- 1小时
- 2小时
- 3小时
- 4小时
- 5小时
- 6小时

1. 经测算受遮挡的住宅建筑主要朝向的居室大寒日有效日照不低于2小时。居室是指卧室、起居室。符合《杭州市建筑工程日照分析技术管理规则》的日照规定。

2. 经测算,托儿所、幼儿园生活活动用房的冬至日有效日照不低于3小时,符合《杭州市建筑工程日照分析技术管理规则》的日照规定。

图 7-11 太阳光照模拟

通过模拟和分析来优化社区综合体的可持续性。

4）参数设置和校准

参数设置和校准是建立碳中和建筑信息模型的重要步骤，它们对模型的准确性和可靠性具有关键影响。以下是在参数设置和校准方面需要考虑的具体内容。

（1）参数设置　在建立模型之前，需要设定各种参数，以确保模型能够准确反映实际情况。这包括建筑设备的参数、控制策略、建筑使用模式等。例如，设备的额定功率、运行效率、温度设定值等都需要进行合理的设定。此外，还需要考虑建筑使用模式，如人员数量、办公时间、设备使用时间等。

（2）数据源校准　在参数设置过程中，需要使用真实数据进行校准。这可以通过实地调研、数据分析和监测设备等手段来获取。例如，可以使用建筑能耗监测设备获取实时的能耗数据，与模型中的能耗值进行对比，从而调整模型中的参数，使其与实际情况相匹配，环境参数设定如表 7-3 所示。

杭州室外空气计算参数

表 7-3

参数	夏季	冬季
大气压力	100.09 kPa	102.11 kPa
干球温度	35.6℃（空调）	32.3℃（通风）、-2.4℃（空调）
湿球温度	27.9℃	—
相对湿度	64%（通风）	76%（空调）
平均风速	2.4 m/s	2.3 m/s

（3）设备性能校准　设备性能的准确性对于模型的可靠性至关重要。设备性能参数应基于实际测试数据或制造商提供的准确数据。在模型校准过程中，可以与设备制造商合作，通过实际测量和测试，验证设备性能参数，并进行校准，以确保模型中的设备性能参数能够真实地反映现实情况。

（4）控制策略校准　建筑的控制策略对能耗和舒适性具有重要影响。在模型中，控制策略应与实际情况相符。通过与建筑运营者和维护人员合作，了解实际的控制策略，并根据实际操作进行模型中的校准。这可能包括调整设备的启停策略、温度和湿度设定值等，以使模型能够准确模拟建筑的运行情况。

（5）模型验证和校准　在参数设置和校准过程中，需要对模型进行验证和校准，以确保其准确性和可靠性。这可以通过与实际数据进行比较和验证来实现。例如，可以与建筑能耗数据进行对比，评估模型的预测准确性。校准过程可能涉及调整模型的参数、能耗曲线、设备效率等，以使模型与实际建筑的运行一致。

7.3.1 初始方案建筑碳排放计算结果

1）围护结构概况

围护结构主要材料如表 7-4 所示。

表 7-4

围护结构的主要材料及参数

材料名称	导热系数 λ	蓄热系数 S	密度 ρ	比热容 Cp	蒸汽渗透系数 u	备注
	W/(m·K)	W/(m²·K)	kg/m³	J/(kg·K)	g/(m·h·kPa)	
水泥砂浆	0.930	11.370	1 800.0	1 050.0	0.021 0	来源：《民用建筑热工设计规范》GB 50176—2016
1：3 干硬性水泥砂浆（掺 3% 防水粉）	0.930	11.370	1 800.0	1 050.0	0.021 0	
钢筋混凝土	1.740	17.200	2 500.0	920.0	0.0158	来源：《民用建筑热工设计规范》GB 50176—2016
C20 细石混凝土	1.510	15.360	2 300.0	934.1	0.000 0	来源：《民用建筑热工设计规范》GB 50176—2016
挤塑聚苯板 B1 级	0.030	0.320	35.0	1 647.0	0.016 2	
泡沫混凝土	0.300	5.000	1 100.0	1 090.0	0.014 0	
加气混凝土砌块	0.180	2.693	500.0	1 050.0	0.000 0	
页岩多孔砖	0.510	10.000	1 250.0	1 000.0	0.000 0	
岩棉板（ρ=60~160）	0.041	0.615	110.0	1 220.0	0.488 0	
软木板	0.058	1.090	150.0	1 890.0	0.285 0	
不燃型复合膨胀聚苯乙烯保温板（浸渍型）（ρ=120~180）	0.065	0.700	150.0	1 000.0	0.000 0	
不燃型复合膨胀聚苯乙烯保温板（颗粒型）（ρ=150~250）	0.065	0.900	200.0	1 000.0	0.000 0	

围护结构热工参数如表 7-5 所示。

表 7-5

围护结构热工参数

名称	设计建筑	参照建筑
屋顶传热系数 K [W/(m²·K)]	0.39（D：2.95）	0.50
外墙（包括非透明幕墙）传热系数 K [W/(m²·K)]	0.64（D：3.88）	0.80

名称		设计建筑			参照建筑		
屋顶透明部分传热系数 K [W/（m²·K）]		—			—		
屋顶透明部分太阳得热系数		—			—		
底面接触室外的架空或外挑楼板传热系数 K [W/（m²·K）]		1.67			0.70		
外窗（包括透明幕墙）	朝向	立面	窗墙比	传热系数	太阳得热系数	窗墙比	传热系数	太阳得热系数
	南向	南—默认立面	0.97	1.40	0.16	0.97	1.80	0.24
	北向	北—默认立面	0.98	1.40	0.16	0.98	1.80	0.30
	东向	东—默认立面	0.91	1.40	0.16	0.91	1.80	0.24
	西向	西—默认立面	0.99	1.40	0.16	0.99	1.80	0.24

2）制冷系统

冷水机组详情如表 7-6 所示。

冷水机组详情　　　　　　　　　　　　　　　表 7-6

名称	类型	额定耗电量（kW）	额定制冷量（kW）	额定性能系数（COP）	台数	全年供冷量（kWh）	综合部分负荷性能系数（IPLV）	电耗（kWh）
冷水螺杆机组	水冷－螺杆式冷水机组	138	719	5.20	3	195 651	5.90	33 161
合计								33 161

冷却水泵详情如表 7-7 所示。

冷却水泵详情　　　　　　　　　　　　　　　表 7-7

机组名称	冷水机组制冷量（kW）	机组性能系数（COP）	冷凝负荷（kW）	输送能效比	运行时长（h）	水泵电耗（kWh）
冷水螺杆机组	2 157	5.20	2 572	0.021 4	670	36 872
合计	2 157		2 572			36 872

冷冻水泵详情如表 7-8 所示。

冷冻水泵详情　　　　　　　　　　　　　　　表 7-8

机组名称	机组制冷量（kW）	输送能效比	运行时长（h）	水泵电耗（kWh）
冷水螺杆机组	2 157	0.024 1	670	34 827
合计	2 157			34 827

冷却塔详情如表 7-9 所示。

冷却塔详情　　　　表 7-9

类型	机组制冷量（kW）	冷却塔风机单位电耗制冷量（kW/kW）	冷却塔风机功率（kW）	运行时长（h）	冷却塔电耗（kWh）
冷却塔	2 157	170	12.69	670	8 501

机组碳排详情如表 7-10 所示。

机组碳排详情　　　　表 7-10

类别	电耗（kWh/a）	碳排放因子（kgCO$_2$/kWh）	碳排放量（tCO$_2$/a）
制冷机组	33 161		19.267
冷却水泵	36 872	0.581	21.423
冷却塔	8 501		4.939
冷冻水泵	34 827		20.234
合计			65.863

3）供暖系统

热水锅炉能耗详情如表 7-11 所示。

热水锅炉能耗详情　　　　表 7-11

燃料类型	容量/峰值负荷（MW）	台数	锅炉热效率	外网热输送效率	锅炉负荷（kWh/a）	碳排放因子（tCO$_2$/TJ）	碳排放量（tCO$_2$/a）
燃气	0.48	1	0.88	0.92	69 011	55.54	17.043

热水循环水泵能耗详情如表 7-12 所示。

热水循环水泵能耗详情　　　　表 7-12

锅炉制热量（kW）	输送能效比	运行时长（h）	供暖水泵电耗（kWh）	碳排放因子（kgCO$_2$/kWh）	碳排放量（tCO$_2$/a）
476	0.004 33	730	1 504	0.581	0.874

空调风机详情如表 7-13 所示。

4）照明系统

照明电耗及碳排放量详情如表 7-14 所示。

类别	电耗（kWh/a）	碳排放因子（kgCO₂/kWh）	碳排放量（tCO₂/a）
独立新排风	4 556		2.647
风机盘管	1 473	0.581	0.856
多联机室内机	0		0.000
全空气机组	0		0.000 0
合计			3.503

照明电耗及碳排放量详情　　　　　　　　　　　表 7-14

房间类型	单位面积电耗（kWh/m²·a）	房间个数	房间合计面积（m²）	合计电耗（kWh/a）	碳排放因子（kgCO₂/kWh）	碳排放量（tCO₂/a）
办公—会议室	15.12	51	2 907	43 959		25.540
办公—其他	25.99	23	596	15 490		9.000
办公—普通办公室	15.12	351	13 282	200 825	0.581	116.680
办公—走廊	11.81	11	3 628	42 853		24.898
空房间	0.00	537	5 576	0		0.000
总计						176.118

5）建筑运行阶段碳排放计算结果

建筑运行阶段碳排放计算结果如表 7-15 所示。

建筑运行阶段碳排放计算结果　　　　　　　　　　表 7-15

电力	类别		参照建筑碳排放量 kgCO₂/（m²·a）
	供冷（Ec）		2.09
	供暖（Eh）		0.03
	空调风机（Ef）		0.11
	照明		5.59
其他（Eo）		电梯	2.22
		生活热水	0.00
		合计	2.22
化石燃料	**所属类别**		**参照建筑碳排放量 kgCO₂/（m²·a）**
燃气	供暖：热源锅炉		0.54
无	供暖：市政热力		0.00
无	生活热水（扣减了太阳能）		0.00（燃料：燃气）
可再生	**类别**		**参照建筑碳减量 kgCO₂/（m²·a）**
可再生能源（Er）		光伏（Ep）	—
		风力（Ew）	—
碳排放合计			10.58

7.3.2 优化方案建筑碳排放计算结果

对该项目的建筑碳排放的优化包含模拟分析与优化、可持续性评估、持续监测与优化等关键步骤。

1）模拟分析与优化

在社区综合体的模拟分析与优化过程中，需要特别考虑社区综合体的特征和复杂性。以下是结合社区综合体的特征展开讨论模拟分析与优化的内容。

（1）多样化的建筑单元　社区综合体通常由多个建筑单元组成，包括住宅、商业、办公、文化等多种类型的建筑。在模拟分析过程中，需要对每个建筑单元进行独立的能源消耗和碳排放模拟，同时考虑建筑单元之间的相互影响。这涉及建筑单元的不同使用模式、能源需求的差异以及各自的能源系统特征。立体交通碳排放模拟场景如图 7-12 所示。

（2）复杂的能源互联　社区综合体内部的能源系统通常存在相互关联和互联的情况。例如，能源在不同建筑单元之间共享，热能和冷能可以通过热力管网传输，电力和能源可以在不同建筑之间进行交互。在模拟分析和优化过程中，需要准确建模这些能源互联关系，以全面评估社区综合体的能源效率和碳排放情况。

（3）大规模数据处理　社区综合体涉及大量的数据，包括建筑数据、能源数据、气候数据等。在模拟分析与优化过程中，需要处理和整合这些大规模的数据，并进行合理的数据管理和处理。这可能需要借助数据分析工具和技术，如数据挖掘、机器学习和大数据处理方法，以支持模型的建立和分析。

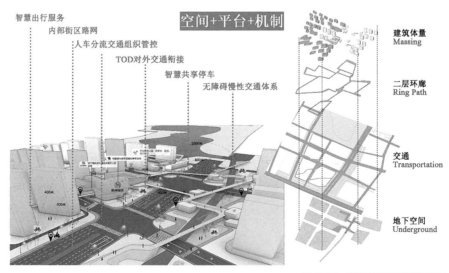

图 7-12　立体交通碳排放模拟场景

（4）多目标优化　社区综合体的模拟分析与优化通常涉及多个目标和约束条件。除了能源效率和碳排放的优化，还需要考虑室内舒适性、经济性和可持续性等方面的指标。因此，需要采用多目标优化方法，通过权衡不同目标之间的关系，找到最佳的综合解决方案。社区综合体低碳发展多目标体系如表7-16所示。

（5）不确定性管理　社区综合体的模拟分析与优化过程中，存在各种不确定性因素，如气候变化、用户行为变化、设备性能变化等。因此，需要进行不确定性管理，包括灵敏度分析、风险评估和鲁棒优化等方法，以评估不确定因素对模型结果的影响，并制定相应的应对策略。

社区综合体低碳发展多目标体系　　　　　　　　　　　　　　　　表7-16

一级指标	二级指标	指标性质	指标内容	指标响应情况	达标情况
未来低碳场景	多元能源协同供应	约束性	建设"光伏建筑一体化＋储能"的供电系统；实现超低能耗建筑要求或集中供热（暖）供冷	·预埋光伏组件，建设分布式供电系统及变配电储能系统； ·合理配置资金，根据安置房、人才房、商品房、公建不同类型，利用适配型被动房等新技术方案，解决集中供热（暖）供冷；	零能耗建筑示范
			集中供热	·设置区域能源站，实现冬季供暖、夏季供冷，全年供应热水，并能合理费用收取标准； ·从墙体保温、门窗、新风及空调等配置入手，适配型被动房＋补充空调	满足
		引导性	保留建筑进行集中供热（暖）供冷改造；采用"热泵＋蓄冷储热"技术；提高可再生能源利用比重；预留氢能和燃料电池技术应用接口；构建近零碳能源利用体系	·对保留建筑结合实况改造，采用被动房技术，最大化实现集中供热（暖）供冷； ·提升可再生能源利用率到20%以上； ·预留车用燃料电池技术应用接口； ·提高可再生能源利用率及碳中和等途径，构建近零碳能源利用体系	满足
	社区综合节能	约束性	进行互利共赢能源供给模式改革，全拆重建和规划新建类引入综合能源资源服务商；搭建智慧集成的管理及服务平台；提高社区综合节能率	·根据项目特点、服务需求、项目周期引进社区综合能源资源供应商； ·整合能源生产、污水处理、垃圾处理等设施功能，协同生产供应冷、热量、中水等； ·协助建设社区资源智慧服务平台； ·利用装配式超低能耗建筑，通过绿色建筑及能源供给系统，协助建立智慧节能终端设施、智慧电网、气网、水网和热网	满足
		引导性	创新能源互联网、微电网技术利用；布局智慧互动能源网；推广应用近零能耗建筑	·提升能源互联网技术利用； ·商品房、公建采用近零能耗建筑	满足
	资源循环利用	约束性	生活垃圾源头减量；生活垃圾分类全覆盖；绿化等公共用水采用非传统水源；采用节水型洁具	·设置垃圾转运场，集中定点投放生活垃圾； ·利用合理化配置减少人均垃圾产量，建立回收利用体系，资源化利用可循环垃圾，有害垃圾专门处理； ·推动全民参与垃圾分类，提升生活垃圾回收利用率； ·提升非传统水资源利用率至10%以上，通过雨水回用和中水供应景观园林等公共用水； ·所有空间配置节水型洁具	满足
		引导性	促进垃圾分类和资源回收体系"两网融合"；提高垃圾资源化利用率；促进分质供水；提高雨水和中水资源化利用	·提升生活垃圾回收利用率至40%；提高垃圾资源化利用水平； ·利用与水资源回收，非传统水资源利用率至少达到20%	满足

2）可持续性评估

碳中和建筑信息模型在社区综合体中的可持续评估中起着重要作用。以下是结合社区综合体的特征来谈碳中和建筑信息模型如何进行可持续评估的内容。

（1）综合性评估　社区综合体通常包含多个建筑单元、基础设施和交通系统等。碳中和建筑信息模型能够综合考虑这些不同组成部分的能源消耗、碳排放和环境影响，从而实现对整个社区综合体的可持续性评估。通过模拟分析和优化，可以评估社区综合体的整体碳足迹、能源效率和环境质量等指标，如图7-13所示。

（2）多尺度分析　社区综合体可持续评估需要考虑不同的空间尺度，包括建筑层面、区域层面和城市层面。碳中和建筑信息模型能够在不同尺度上进行模拟和分析，识别各个层面的碳排放热点和能源消耗重点，并提出相应的优化措施。这有助于综合优化社区综合体的能源利用和碳减排。

（3）能源互联与系统集成　社区综合体中的建筑、基础设施和交通系统之间存在复杂的能源互联关系。碳中和建筑信息模型能够模拟和分析这些能源互联关系，并通过系统集成的方式优化能源系统的整体性能。例如，通过优化能源供应结构、能源共享和系统集成，可以最大程度地提高能源利用效率，减少碳排放。

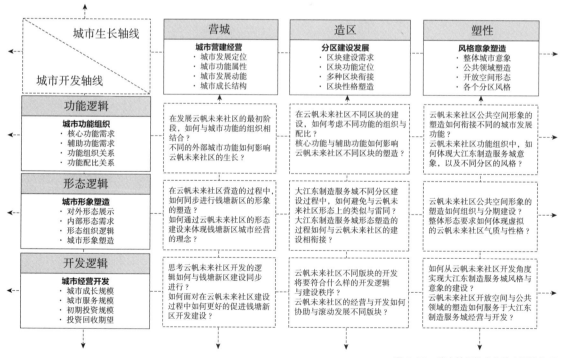

图7-13　建立社区综合体综合评价体系

项目	建设内容
"光伏建筑一体化+储能"的供电系统	超低能耗建筑或集中供热（暖）供冷
光伏组件，分布式供电系统	光伏组件集中并入社区变配电系统，同时要求具备储能功能
适配型被动房+补充空调	落实墙体保温、门窗、新风及空调、生活热水的标准配置
区域能源站	落实冷热源，采用高效热泵，以及蓄能、调峰等辅助手段，实现冬季供暖夏季供冷，全年供应热水
装配式超低能耗建筑	通过绿色节能建筑（或适配型被动房）、高效的能源供给系统、可再生能源利用、智慧节能终端设施、优化社区智慧电网、气网、水网和热网布局、智慧管理平台等方式提高综合节能率，建设期按设计要求，最终要按运营期的实际效果评判
垃圾分类集中定点投放	合理选择集中定点投放等垃圾分类方式。其中，可回收垃圾纳入回收利用体系。其他垃圾纳入城市垃圾处理体系。易腐垃圾纳入城市餐厨垃圾收运系统，也可就地资源化利用。有害垃圾由专业机构统一处理
	要求垃圾分类居民参与率100%，垃圾分类准确率90%以上。生活垃圾回收利用率达到35%
	提升非传统水资源利用率，至少达到10%，通过雨水回用和中水利用，实现景观园林等公共用水对市政供水零需求
	全部配置节水型洁具

图 7-14　社区综合体低碳综合解决方案

（4）综合评估指标　可持续评估需要考虑多个指标，如能源效率、碳排放、室内舒适性、经济性等。碳中和建筑信息模型能够综合考虑这些指标，并通过权衡不同指标之间的关系，找到最佳的综合解决方案。例如，通过多目标优化方法，可以在保证能源效率和碳减排的前提下，同时考虑室内舒适性和经济性等因素。社区综合体低碳综合解决方案如图 7-14 所示。

3）持续监测与优化

在社区综合体中，持续监测和优化是碳中和建筑信息模型的关键步骤，以确保社区综合体的可持续性。

（1）多样化的数据收集　社区综合体涉及多个建筑单元、基础设施和交通系统等，因此，持续监测需要收集多样化的数据。这包括建筑能耗数据、碳排放数据、室内环境数据、交通流量数据等。通过传感器、智能计量设备和监测系统，可以实时获取这些数据，并进行持续的数据收集和记录，如图 7-15 所示。

（2）数据分析和报告　持续监测需要对收集到的数据进行分析和处理。数据分析可以使用数据挖掘和大数据分析技术，以识别能源消耗热点、碳排放异常、设备故障等问题。基于分析结果，生成报告和可视化图表，提供对能源消耗、碳排放和环境状况的实时和历史数据分析。

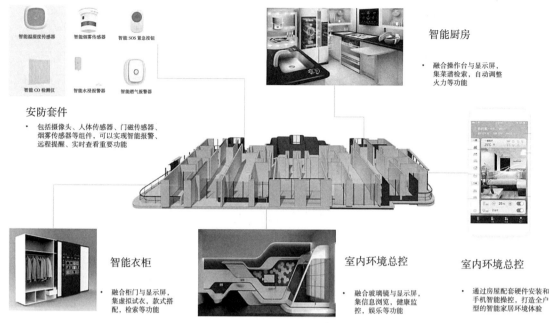

智能温湿度传感器　智能烟雾传感器　智能 SOS 紧急按钮

智能 CO 检测仪　智能水浸报警器　智能燃气报警器

安防套件

· 包括摄像头、人体传感器、门磁传感器、烟雾传感器等组件，可以实现智能报警、远程提醒、实时查看重要功能

智能厨房

· 融合操作台与显示屏，集菜谱检索，自动调整火力等功能

智能衣柜

· 融合柜门与显示屏，集虚拟试衣，款式搭配，检索等功能

室内环境总控

· 融合玻璃镜与显示屏，集信息浏览，健康监控，娱乐等功能

室内环境总控

· 通过房屋配套硬件安装和手机智能操控，打造全户型的智能家居环境体验

图 7-15　传感器数据收集

（3）故障检测与预测　持续监测可以帮助及时检测和预测能源系统设备的故障。通过分析实时数据和与历史数据进行比较，可以发现能源系统的异常行为或设备故障，并采取相应的维修和调整措施。预测性维护可以通过分析设备的性能和工作状态，提前预测设备的故障和维修需求，从而提高设备可靠性和节约维护成本。

（4）实时反馈和调整　持续监测数据的实时反馈可以帮助建筑运营者和维护人员及时了解能源消耗和碳排放的状况，并根据需要进行调整和优化。实时监测的数据可以用于实时控制系统，使能源系统和设备根据实际需求进行调整，提高能源效率和舒适性。能源系统监测评估如图 7-16 所示。

（5）持续优化和改进　持续监测的目的是不断追求优化和改进。基于监测数据的分析结果，可以识别出改进的机会，并采取相应的措施。持续优化可以涉及设备更新、控制策略调整、能源供应结构改进等方面，以最大程度地提高能源效率、减少碳排放和提高环境质量。空间数据整合详情如图 7-17 所示。

（6）居民参与和反馈　社区综合体的可持续性需要社区和市民的参与。通过开展能源消耗和碳排放的公众信息公开和教育活动，激励市民参与节能减排行动。市民的参与和反馈可以为社区综合体的大数据平台持续监测和优化提供宝贵的信息和支持，促进社区综合体的可持续发展。多方参与的大数据平台如图 7-18 所示。

物理空间资产 数字空间资产

图 7-16 能源系统监测评估　　　　　　　　　　　图 7-17 空间数据整合详情

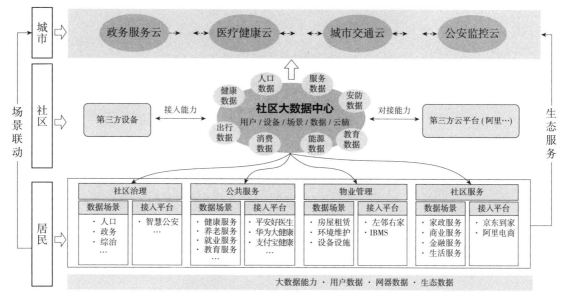

图 7-18 多方参与的大数据平台

4）建筑运行阶段碳排放计算结果

综合建筑优化方案，本项目的建筑运行碳排放强度在 2016 年执行的《民用建筑能耗标准》GB/T 51161—2016 的基础上降低了 69.94%，碳排放强度降低了 7.40kgCO$_2$/（m^2·a）。建筑运行碳排放指标满足《建筑节能与可再生能源利用通用规范》GB 55015—2021 第 2.0.3 条的要求。碳排放详情如表 7-17 所示。

碳排放详情　　　　　　　　　　　　　　　　　　　　表 7-17

电力	类别	优化方案碳排放量 kgCO^2/（m^2·a）	建筑碳排放量 kgCO^2/（m^2·a）
	供冷（Ec）	1.38	2.09
	供暖（Eh）	0.15	0.03

电力	类别	优化方案碳排放量 kgCO^2/（m^2·a）	建筑碳排放量 kgCO^2/（m^2·a）
	空调风机（（Ef））	0.14	0.11
	照明	4.40	5.59
其他（Eo）	电梯	2.22	2.22
	生活热水	0.00（扣减了太阳能）	0.00
	合计	2.22	2.22

化石燃料	所属类别	设计建筑碳排放量 kgCO^2/（m^2·a）	参照建筑碳排放量 kgCO^2/（m^2·a）
燃气	供暖：热源锅炉	0.60	0.54
无	供暖：市政热力	0.00	0.00
无	生活热水（扣减了太阳能）	0.00	0.00（燃料：燃气）

可再生	类别	设计建筑碳减排量 kgCO^2/（m^2·a）	参照建筑碳减排量 kgCO^2/（m^2·a）
可再生能源（Er）	光伏（Ep）	5.72	—
	风力（Ew）	0.00	—
碳排放合计		3.18	10.58
相对参照建筑降碳比例（%）		69.94（目标值：40）	
相对参照建筑碳排放强度降低值 kgCO^2/（m^2·a）		7.40（目标值：7）	

7.4.1 本章难点总结

1. 数据获取和整合：社区综合体涉及多个建筑单元、基础设施和交通系统，因此数据的获取和整合是一个挑战。不同的数据源可能存在格式不一致、质量不高和缺失等问题。整合数据需要解决数据标准化、数据共享和数据质量控制等方面的挑战。

2. 模型复杂性：社区综合体的建筑单元和能源系统非常复杂，涉及多个层面和多个领域。建立模型需要考虑建筑单元的多样性、能源互联关系以及交通系统的影响。模型的复杂性可能导致建模过程中的困难，包括建筑单元建模、系统集成和参数设置等方面。

3. 精确性和可靠性：在建立模型过程中，需要准确获取建筑和能源系统的参数和性能数据。这可能需要依赖于实地测量、数据收集和监测设备等。确保数据的精确性和可靠性是一个挑战，特别是在大规模的社区综合体中。

4. 多尺度建模：社区综合体需要在不同的尺度上进行建模，包括建筑层面、区域层面和城市层面。建立多尺度模型需要考虑数据的一致性、模型的协调性和模型之间的相互影响。同时，不同尺度的模型需要综合考虑建筑单元的细节和整体系统的一致性。

5. 不确定性管理：在建模过程中，存在各种不确定性因素，如气候变化、用户行为变化和设备性能变化等。这些不确定性可能对模型的准确性和可靠性产生影响。因此，需要进行不确定性管理，包括灵敏度分析、风险评估和鲁棒优化等方法，以评估不确定因素对模型结果的影响，并制定相应的应对策略。

6. 数据量和计算复杂性：社区综合体的建模过程需要处理大量的数据和进行复杂的计算。这可能需要借助高性能计算和大数据处理技术，以应对数据量和计算复杂性带来的挑战。同时，确保模型的高效性和计算的实时性也是一个挑战。

7.4.2 思考题

1. 如何获取和整合社区综合体中多样化的建筑、能源和环境数据？你认为数据的质量和准确性对建模过程有何影响？

2. 在建立社区综合体模型时，如何解决建筑单元的多样性和能源系统的复杂性问题？你认为如何处理建筑单元之间的能源互联关系和相互影响？

3. 在建模过程中，如何处理社区综合体的多尺度特征？你认为建立不同尺度模型时应考虑哪些因素？

4. 如何管理建模过程中的不确定性因素，如气候变化、用户行为和设备性能的变化？你认为不确定性对模型结果的影响有何重要性？

5. 在持续监测和优化社区综合体模型的过程中，你认为哪些数据和指标是关键的？如何利用实时监测数据进行实时反馈和调整？

6. 在社区综合体的可持续评估中，除了能源消耗和碳排放，还有哪些指标是需要综合考虑的？你认为应如何权衡不同指标之间的关系？

第 8 章

碳中和建筑信息模型案例实践

——居住小区

本章主要内容及逻辑关系如图8-1所示。

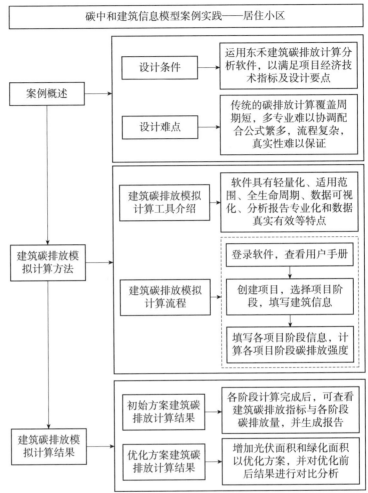

图8-1　本章主要内容及逻辑关系

哈尔滨市某小区，交通便捷，是集商业休闲和居住为一体的文化综合体。该项目涵盖三栋多层的商业区、四栋高层的住宅区以及附属地下车库。建筑总面积 7.8 万 m^2，绿化面积 6 万 m^2，建筑高度 50m，使用年限 50 年。结构形式为框架结构，工程涵盖内容为建筑工程、电气工程、暖通工程、给排水工程等。建筑的单位面积碳排放强度需小于 $400kgCO_2e/m^2$，平均每年碳排放强度小于 600 000$kgCO_2e/a$。图 8-2 为项目实拍图。

图 8-2 项目实拍图

8.1.1 设计条件

本章运用东禾建筑碳排放计算分析软件，结合建筑信息模型，对哈尔滨市某小区的案例进行碳排放计算，以体现建筑信息模型在碳中和方面的应用。

项目主要经济技术指标如表 8-1 所示：

项目的设计要点如下：

（1）建筑物布局和朝向　建筑物应合理布局，避免过于密集的建筑群，以降低能源消耗和碳排放。同时，建筑应朝向合理，充分利用自然采光和通风，减少机械通风和空调的能耗。

（2）建筑围护结构　建筑围护结构应采用高效保温隔热材料，如外墙、外窗、屋顶等。同时，应考虑建筑的热工性能和保温性能，确保建筑在冬季能够保持室内温度，减少采暖能耗；在夏季能够有效地阻挡太阳辐射，减少空调能耗。

主要经济技术指标

表 8-1

序号	类别				平衡后		单位	任务书要求
1			总用地面积		66 520		m²	66 520
			总建筑面积		78 000		m²	
2			计容建筑面积		73 172		m²	73 150
	77.6%		住宅		56 781		m²	56 750
	22.4%		商业及配套		16 391			
	8%	商业	街区商业		1 951		m²	
			社区商业中心		3 903		m²	
	5%	办公	办公写字楼		3 959		m²	
	7%	公寓	人才创业公寓		5 122		m²	
	2%	物业	物业经营用房		572		m²	
			物业管理用房		293		m²	
		其他	（公厕，开闭所）		598		m²	
3			不计容建筑面积		4 828		m²	
	其中		地上不计容		257		m²	
		其中	大堂层架空		257		m²	
		总地下车库建筑面积（含基础设施配套及机房）			4 571		m²	
		其中	人防面积（新建居民住宅修建比例11%，其他民用建筑修建比例8%）		1 030		m²	
			非人防面积				m²	
4			车位		机动车	自行车		
			总停车位数		550	495	辆	
			地下停车位		500		辆	
	其中		人防车位		120		辆	
			非人防车位		480		辆	
			地上停车位		50	495	辆	
5			容积率		1.1			
			住宅计容建筑比例		77.6%			不大于78%
			商业、办公、配套设施计容建筑比例		22.4%			
			建筑基底面积		6 520		m²	
			建筑密度		8.36%			
			绿化率		90%			
			限高		50		m	
			绿化面积		6 000		m²	
			总户数		780		户	

（3）绿色植物　绿化面积可以增加建筑物的碳吸收能力，降低碳排放。绿色植物可以通过光合作用吸收 CO_2，同时还可以降低建筑物的温度，减少空调能耗。

（4）节能设备　应采用高效节能的电气设备，如 LED 照明、高效变频空调等。同时，应充分利用可再生能源，如太阳能、风能等，减少对化石能源的依赖。

（5）智能化管理　应采用智能化管理系统，实现对建筑能源的远程监控和优化控制。通过智能化管理，可以提高能源利用效率，减少能源浪费，从而降低碳排放。

（6）废弃物处理　建筑废弃物处理应采用环保和低碳的废弃物处理方式，如分类回收、资源再利用等。通过优化废弃物处理的，可以减少废弃物对环境的污染，同时也可以减少对资源的浪费，降低碳排放。

（7）建筑拆除和再利用　建筑拆除和再利用应采用低碳的拆除和再利用技术，如采用环保材料进行拆除，对拆除的材料进行分类和再利用等。通过优化建筑拆除和再利用的优化，可以减少资源浪费和环境污染，同时也可以降低碳排放。

8.1.2　设计难点

碳排放计算具有以下五个方面的难点：

（1）覆盖周期短　传统的碳排放计算软件往往只针对运行等阶段，覆盖周期短，分析功能较弱。本节使用东禾建筑碳排放计算分析软件，可以计算包括生产、运输、建造、拆除及运行等多个阶段在内的全生命周期的建筑碳排放量。

（2）多专业协调配合　实际建筑施工需要建筑、电气、暖通、结构和给排水等多专业协调配合。运用建筑信息模型结合软件，可以将各专业的碳排放结果整合成一份报告，以便直观地分析整体的碳排放结果。

（3）公式繁多　由《建筑碳排放计算标准》GB/T 51366—2019 可知，碳排放计算标准复杂，涉及的公式较多。在本章运用建筑信息模型结合软件进行计算，可以直接通过填入的信息得到各阶段的碳排放量，使得效率大大提高。

（4）结果需真实可靠　本节使用的软件引入了区块链技术，保证计算结果的真实可靠与不可篡改，同时采用了准稳态模拟思路进行计算，使得计算的精度大大提高。

（5）传统软件使用繁琐　本节案例中使用的软件无需下载，在网页端注册登录即可使用。该软件能进行可视化的建筑碳排放量计算分析，实现了建筑信息模型解析一步到位的碳排放量计算分析模式。

本节将结合实际案例，对运行阶段的碳排放计算标准及运用软件如何进行碳排放计算进行逐步讲解。

8.2.1　建筑碳排放模拟计算工具介绍

在本节中，运用东禾建筑碳排放计算分析软件进行碳排放计算。该软件是一款轻量化的建筑碳排放计算分析专用软件，由我国东南大学研发。该软件的发布填补了我国在绿色低碳建筑方面软件的空白，对于推动我国建筑行业的"碳达峰"、"碳中和"工作具有重要应用价值。

该软件具有以下几个显著的特点：

（1）轻量化　与传统的建筑、结构、机电等建模软件不同，东禾建筑碳排放计算分析软件不需要提前安装庞大、复杂的建模软件，可以直接按照给定模板录入建筑基本信息，以及建材生产和运输、建造、运行、拆除等阶段的能源消耗、资源消耗和废弃物排放信息。同时，该软件也可直接将主流的建筑工程消耗量计算、绿建能耗分析等商用软件结果直接导入，轻量化和专用性特征明显。

（2）适用范围广　东禾建筑碳排放计算分析软件在设计时充分考虑了建筑的多样性，它不仅适用于常见的住宅、商业、公共设施等建筑类型，还能够适用于特殊用途的建筑，如数据中心、绿色建筑、工业厂房等。软件能够根据不同建筑的功能、规模和设计特点，进行精确的碳排放计算，确保各类建筑的碳排放数据得到准确捕捉和分析。

（3）全生命周期的碳排放计算　东禾建筑碳排放计算分析软件覆盖了建筑全生命周期，从早期的规划设计到后期的运营维护，以及拆除阶段都可以使用该软件进行碳排放计算，这使得工程师们可以在整个设计过程中考虑碳排放问题，从而更好地实现绿色设计和可持续发展。

（4）数据可视化　平台的可视化特性使得碳排放数据更加直观和易于理解。通过图表、图形等形式，用户可以直观地看到施工过程中的碳排放趋势、峰值和异常情况，从而更好地理解和分析碳排放数据。这种可视化的方式有助于用户快速发现问题并进行相应的碳减排措施。

（5）分析报告专业化　软件可以基于计算结果生成专业的分析报告，其中包括详细的碳排放数据和关键指标。报告不仅包含碳排放总量、分项碳排放量和碳排放强度等指标，还提供了基于这些数据的深入分析和解释。通过报告，用户可以清晰地了解建筑物的碳排放情况，以及各个阶段的碳排放量。报告的详细和专业性保证了用户能够全面了解建筑物的碳排放情况，并采取有效的减排措施，从而达到低碳环保的目标。

（6）数据的真实有效性　东禾建筑碳排放计算分析软件在确保监测数据

真实有效性方面，采用了先进的区块链技术。区块链技术以其去中心化、不可篡改和可追溯的特点，为东禾软件提供了强有力的数据安全保护。在东禾软件中，所有碳排放相关的数据都被记录在区块链上，每一笔数据都经过加密处理，确保了数据在传输和存储过程中的安全性。

总的来说，东禾建筑碳排放计算分析软件是一款功能强大、操作简便的碳排放计算工具，适用于建筑行业的各个阶段和各个方面。它可以帮助工程师们更好地了解和控制建筑的碳排放量，为实现绿色建筑和可持续发展做出贡献。

8.2.2 建筑碳排放模拟计算流程

（1）软件登录 搜索东禾建筑碳排放计算分析软件，即可找到登录界面，如图 8-3 所示。这个界面会包含软件的名称、登录按钮以及注册链接。完成注册并登录进入软件网页端，点击网页右上角头像处可以查看用户手册，如图 8-4 所示。

在这个界面上，用户可以找到软件的各项功能及其使用方法的详细说明。用户手册包含一个目录，用户可以通过浏览目录找到自己感兴趣的部分，或者直接搜索特定的功能或关键词，在用户使用手册中查看软件各项功能及其使用方法。

（2）项目信息录入 首先在软件中选择"单体建筑列表"，跳转到如图 8-5 所示页面，即可进行项目的创建。在项目列表中选择"创建新单体"，即可选择创建项目的计算标准及项目所处的阶段，如图 8-6 所示。在项目阶段选择中，若选择"初步设计""施工图设计"，则会默认勾选所有阶段，也可以对某个阶段进行单独勾选。

图 8-3 网页端登录界面 图 8-4 查看用户手册

图 8-5　项目列表

图 8-6　项目阶段选择　　　　　　　　　　　图 8-7　建筑信息填写

完成项目阶段的选择后即可填写建筑信息，如图 8-7 所示。在此界面中可以手动填写信息，也可以点击右上角的"模板下载"，下载建筑信息表格并填写后点击"智能导入"。

在东禾建筑碳排放软件的建筑信息填写界面，用户可以选择"导入建筑信息模型"的功能。这一功能极大地提升了用户的工作效率，使得用户能够方便地导入对应的建筑信息模型，随时对模型进行管理和查看。通过导入建筑信息模型，用户可以在软件中直接访问和编辑建筑的各种参数和属性，这样，用户就可以在软件中对建筑模型进行详细的分析和模拟，以便更准确地计算建筑物在不同阶段的碳排放。

同时，导入建筑信息模型还有助于用户导入建材生产阶段的信息，即用户可以将建材的生产过程、运输过程和消耗过程等相关信息与建筑模型相关联，从而在软件中全面地追踪和计算建筑的碳排放。这样，用户就可以更全面地了解建筑的碳排放情况，为碳减排策略的制定提供有力支持。

（3）碳排放计算　点击"建材生产及运输阶段"，跳转到建材生产阶段碳排放计算界面，如图 8-8 所示。该阶段需导入的信息较多，推荐点击界面

图 8-8　建材生产阶段碳排放计算

图 8-9　运行阶段碳排放计算

右上角的"模板下载"，下载对应的表格并填写信息，随后选择"智能导入"中的东禾格式即可。对于建材运输、建造及拆除阶段，填写信息的操作与建材生产阶段相同。

点击"运行阶段"，跳转到运行阶段碳排放计算界面，如图 8-9 所示。该界面包含照明与用电设备、热水及太阳能热水器、建筑可再生能源系统等多项具体信息的填写。

在"建筑功能分区"中，点击"新增分区"，可以添加建筑中新的区域。选择"功能分区"，可以将区域划分为不同的功能，建筑不同的使用功能与建筑的运行能耗及碳排放密切相关。住宅建筑通常包含卧室、起居室、餐厅、厨房、卫生间等区域，这些区域的人员密度、用电设备、照明设施等数据可以采用如图 8-10 所示的软件预设值，也可根据更具体的情况进行填写。只有通过准确的数据和信息，才能有针对性地进行能耗管理，从而实现建筑物的可持续发展和绿色运行。

建筑功能分区　新增分区　　　　　　　　　　　　　　　　　　　　　　　　　　　　　∨

序号	*功能分区	*区域面积(㎡)	*人员密度(㎡/person)	*用电设备(W/㎡)	*照明(W/㎡)	*新风量(L/(s*person))	*生活热水(L/(㎡*month))	操作
1	卫生间	2134.4	10000	0	6	5	0	🗑 🕓
2	起居室	5869.6	32	9.3	6	20	0	🗑 🕓
3	厨房	2368.08	10000	24	6	5	0	🗑 🕓
4	餐厅	2846.48	32	5	6	5	0	🗑 🕓
5	主卧室	9113.44	32	12.7	6	5	20	🗑 🕓

图 8-10　建筑分区数据

　　以照明系统为例进行信息填写的说明，其他系统的信息按照施工图及实际情况填写即可，照明系统碳排放计算如图 8-11 所示。照明与用电设备的碳排放由建筑分区中的区域面积、用电设备和照明的单位面积功率进行加权求和得到。

建筑设备系统 - 照明与用电设备

用电功率密度 ❓　　16.81　　　　　W/m2

说明

用电功率密度 K 是根据建筑功能分区输入的区域面积、用电设备和照明的单位
面积功率进行加权求和计算。

$K = (L1 + A1) * B1 / M + (L2 + A2) * B2 / M + \ldots\ldots + (Ln + An) * Bn / M$

M -- 所有功能分区区域面积相加得到的总面积

Ln -- 第 n 个功能分区的照明

An -- 第 n 个功能分区的用电设备

Bn -- 第 n 个功能分区的区域面积

图 8-11　照明系统碳排放计算

本节运用软件得出运行阶段的碳排放计算结果，对结果进行简要分析，并提出减少碳排放的措施。

8.3.1 初始方案建筑碳排放计算结果

完成运行阶段的信息填写后，点击"主要计算结果"中的"计算结果查看"，即可看到建筑碳排放的总量指标和强度指标，如图 8-12 所示。

在建筑碳排放指标的右侧可以看到建筑碳排放计算结果，这一部分包括建筑全生命周期的各阶段的碳排放量和具体组成，以运行阶段为例，其碳排放计算结果如图 8-13 所示。东禾建筑碳排放计算分析软件利用尖端的区块链技术来保证监测数据的准确性和可靠性，软件中涉及的所有碳排放数据均储存在区块链上，并且每条数据均经过加密，进而保证了计算结果安全可靠。

图 8-12　建筑碳排放指标

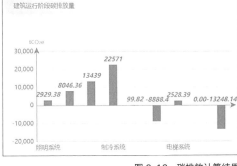

图 8-13　碳排放计算结果

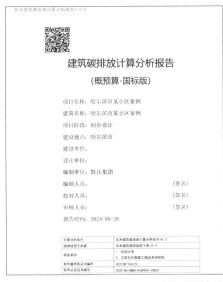

图 8-14　导出的碳排放报告

点击"导出报告"，可以将报告以"pdf"格式或"word"格式导出。报告如图 8-14 所示，一份报告由封面信息、建筑概况、编制依据、计算条件及分析过程等部分组成。通过报告，用户可以清晰地了解建筑物的碳排放情况，以及各个阶段的碳排放。报告的详细和专业性保证了用户能够全面了解建筑物的碳排放情况并采取有效的减排措施。

由《建筑节能与可再生能源利用通用规范》GB 55015—2021 可知，新建的居住和公共建筑碳排放强度应分别在 2016 年执行的节能设计标准的基础上平均降低 40%，碳排放强度平均降低 7kgCO₂/（m² · a）以上。本案例的碳排放结果显示，建筑的平均每年单位面积碳排放强度仅为 7.32kgCO₂e/（m² · a），这一结果不仅体现了建筑在节能减排方面的成效，也证明其符合我国最新的建筑节能规范要求。

本案例中的建筑成功实现了较低的碳排放强度。这不仅有助于减少建筑领域对环境的负担，也有利于推动我国绿色低碳发展战略的实施。在此基础上，未来新建建筑还应继续提高节能水平，加大可再生能源利用比例，以实现更加可持续的建筑发展模式。

下面将从合理配置可再生能源系统入手，即适当增加光伏面积及绿化面积，以达到优化建筑碳排放强度的目的。

8.3.2 优化方案建筑碳排放计算结果

由碳排放报告的计算结果可知，光伏面积及绿化面积对减少碳排放起到积极的作用，在此对光伏面积增加 500m²，对绿化面积增加 5 000m²，得到优化后的建筑碳排放指标如图 8-15 所示，优化后的碳排放计算结果如图 8-16 所示。由图 8-15 可知，优化后的平均每年碳排放强度为 534 194.4kgCO₂e/a，相比优化前减少了 36 503.4kgCO₂e/a；优化后的单位面积碳排放强度为 342.43kgCO₂e/m²，相比优化前减少了 23.4kgCO₂e/m²；优化后的平均每年单位面积碳排放强度为 6.85kgCO₂e/（m²·a），相比优化前减少了 0.47kgCO₂e/（m²·a）；建筑整体碳排放强度降低了 6.42%。由图 8-16 可知，增加的光伏面积对平均每年碳排放强度降低 21 749.4kgCO₂e/a，增加的绿化面积对平均每年碳排放强度降低 14 754kgCO₂e/a。虽然光伏面积的增加可显著降低建筑碳排放强度，但光伏设备对采光要求严格，其面积难以得到大规模增加，所以也要适当增加绿化面积，才能达到建筑整体碳排放强度降低的目的。可见，对建筑的光伏面积及绿化面积进行合理的规划，可在一定程度上降低建筑的碳排放强度，进而达到节能减排的目的。

图 8-15　优化后的建筑碳排放指标

图 8-16　优化后的碳排放计算结果

8.4.1　本章难点总结

本章介绍了哈尔滨市某小区的建筑碳排放计算分析案例。该小区涵盖商业区、住宅区及地下车库，建筑总面积 7.8 万 m^2，绿化面积 6 万 m^2。本章强调了建筑信息模型对我国"双碳"目标实现方面的重要性，并使用东禾建筑碳排放计算分析软件进行了全生命周期的碳排放计算。

在建筑碳排放计算分析中，主要存在以下难点：

（1）覆盖周期短　传统的碳排放计算软件往往只针对运行等阶段，无法覆盖建筑的全生命周期，如建材生产、运输、建造和拆除等阶段，这限制了碳排放计算的全面性和准确性。

（2）多专业协调配合　实际建筑施工需要建筑、电气、暖通、结构和给排水等多专业的协同工作，这些专业之间的协调和信息共享对于碳排放计算至关重要。

（3）公式繁多　碳排放计算标准复杂，涉及的公式和参数众多，给碳排放计算带来了很大的难度和不确定性。

（4）结果需真实可靠　由于碳排放计算涉及大量的数据，其结果的真实性和可靠性需要得到保证。

（5）软件使用繁琐　传统的碳排放计算需要下载软件进行使用，这类软件往往占用内存大，使用起来比较复杂，这给碳排放计算的普及和应用带来了一定的困难。

东禾软件的操作流程是本章的重点，需要熟练掌握。它包括项目信息录入、碳排放计算和结果分析。在项目信息录入阶段，用户可以手动填写信息或导入建筑信息模型。碳排放计算涵盖了建筑的全生命周期，只需要依据建筑的真实情况填写信息，即可经软件计算得到结果。本章的建筑碳排放模拟计算结果表明，优化后的建筑碳排放强度显著降低。通过合理配置可再生能源，合理规划光伏面积和绿化面积，可以进一步优化建筑碳排放强度。

综上所述，通过使用东禾建筑碳排放计算分析软件，可以有效地进行建筑碳排放的模拟计算和分析。合理规划建筑的光伏面积和绿化面积，可以在一定程度上降低建筑的碳排放强度，实现节能减排的目标。这不仅有助于减少建筑领域对环境的负担，也有利于推动我国绿色低碳发展战略的实施。未来，新建建筑应继续提高节能水平，加大可再生能源利用比例，以实现更加可持续的建筑发展模式。

8.4.2 思考题

1. 在建筑碳排放计算分析中，主要存在哪些难点？

2. 东禾建筑碳排放计算分析软件具备哪些显著特点？

3. 针对哈尔滨市某小区的案例，未来新建建筑通过优化哪些措施可以降低建筑碳排放强度？

第 9 章

碳中和建筑信息模型案例实践
——工业建筑

工业建筑与民用建筑在建筑功能、使用寿命、维护方式等方面有很大差异。这导致不同结构的民用建筑碳排放研究结论不能简单照搬到工业建筑中。电力是支撑国家经济和民生发展的基础产业，其供应保障关系到国家战略安全和经济社会的全面发展。而在电力系统中，变电站则是一个关键的电力设施，负责变换电压、接收和分配电能、控制电力流向以及调整电压。本章以长三角地区某公司变电站通用设计方案为例，应用性能模拟引擎EnergyPlus评估建筑能源消耗，对建筑运行阶段的碳排放进行计算，并对该建筑全生命周期碳排放结果进行估算，各阶段结果占比进行了分析。本章主要内容及逻辑关系如图9-1所示。

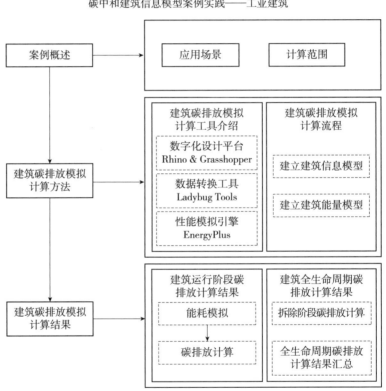

图 9-1　本章主要内容及逻辑关系

9.1.1　应用场景

在国家"双碳"战略的大背景下，建筑行业积极探索节能减排的方案。对于不同结构类型建筑碳排放差异的对比研究，对于方案设计阶段进行低碳结构选型提供了有益的参考。本章以混凝土结构的变电站建筑为范例，模拟和计算该建筑全生命周期的碳排放量。以某公司建设数量最多的 110 kV 变电站通用设计方案为例，站址位于长三角地区，建筑物为地上二层地下一层，建筑面积 1 819.84m²，设计使用年限为 50 年，结构形式采用混凝土体系，案例建筑现场照片如图 9-2 所示。实践过程将建筑全生命周期性能信息划分为模型本体信息、模拟性能信息、监测性能信息与外部关联信息，通过基于 BIM 平台的一系列数字化技术实现多维数据的集成管理、存储与应用。技术架构以 BIM 平台（Autodesk Revit）作为内层平台用于存储模型本体数据和预测性能数据；关系型数据库（MySQL）作为外层平台存储外部关联数据和监测性能数据；数字化设计平台（Rhino.Inside）是搭接内外层数据的桥梁，实现多维数据的综合管理与应用，同时也承担整合外部性能模拟引擎（Energyplus）的功能。于数字化设计平台内实现建筑碳排放自动化评估流程。

基于计算性思维的碳排放仿真计算方式能够提升设计效率，通过 BIM 的数字化手段可以实现建筑全生命周期碳排放的自动计算。该方法通过调取参数化信息模型内的材料使用信息，利用 Rhino & Grasshopper 平台内的已编注数据库索引各类建材碳排放因子。通过预设公式，设定程序自动识别碳排放计算单位，系统能够快速而自动地选取材料用量表中对应的用量数据进行

图 9-2　某混凝土结构变电站现场照片

计算，最终获得准确的结果。与此同时，基于数字化设计平台的建筑碳排放自动化评估流程应用于不同建筑结构的计算结果，可用于比较验证并合理选择建筑的结构形式、低能耗建筑技术、探索开发综合能源利用技术等，为相关研究的探索与发展提供计算平台与数据支持。

9.1.2　计算范围

（1）建筑全生命周期　建筑碳排放计算的第一步是明确全生命周期的范围。以《建筑碳排放计算标准》GB/T 51366—2019[42]中划定的全生命周期各阶段为准，分别是生产阶段、运输阶段、建造阶段、运行阶段和拆除阶段。

（2）建筑碳排放计算　生产阶段、运输阶段、建造阶段的碳排放量，均参考《建筑碳排放计算标准》GB/T 51366—2019，按生产建材的种类和数量、运输车辆的种类和运输距离、施工机械的种类、数量和使用时长分别乘以对应碳排放因子的方式计算；运行阶段的碳排放计算采用能耗模拟法，作为本章节的重点内容。通过能耗模拟软件计算项目运行50年过程中空调、风机、照明和其他设备的耗电量。该阶段的碳排放量等于总耗电量乘以电网的平均二氧化碳排放因子0.704（kg/kWh）；拆除阶段的碳排放计算采用估算法。在缺乏工程拆除阶段详细机器施工数据的情况下，采用经验数据估算的方法较为常见。根据相关学者研究，拆除阶段碳排放量占比约为总量的5%~10%。

建筑碳排放模拟计算方法，采用分阶段精细化策略，以准确计算建筑全生命周期碳排放。本章建筑案例的碳排放模拟计算方法如下。

（1）建材生产阶段碳排放计算　建材生产阶段的碳排放计算流程是将建筑信息模型输出的材料用量表和门窗统计表索引数据库内各类建材碳排放因子，基于预设公式完成材料用量与对应碳排放因子相乘最终将结果累加获得。

（2）建材运输阶段碳排放计算　建材运输阶段碳排放量计算流程同样使用参数化信息模型输出的材料用量表，通过 Rhino & Grasshopper 平台内置公式计算混凝土材料用量与非混凝土材料用量，接下来向建材运输碳排放数据库索引不同材料类别的运输距离与碳排放因子，最终通过数学公式计算获得。

（3）建造阶段碳排放计算　建造阶段碳排放量计算首先调取参数化信息模型材料明细表中各项材料用量，通过材料用量—工程量—机械台班用量—施工能源用量—能源碳排放因子的逻辑逐级调用数据库获取所需数据源，最终将结果逐级相乘得到建造阶段总碳排量完成计算。以上步骤涉及公式详见表 6-7。

（4）运行阶段碳排放计算　建筑运行阶段的碳排放主要是为了满足生活要求产生的碳排放，如在日常生活中冬季的采暖、夜间的照明、夏天空调的制冷、平日的烹饪，以及一些家庭常用电器的使用。因此，运行阶段的碳排放主要来源于煤、天然气、电力能源的消耗。建筑维护产生的碳排放主要是指建筑的部分使用材料无法满足相应的使用要求而进行的材料更换以及对建筑物进行改造修缮产生的碳排放。这阶段碳排放主要分为两个部分，一部分是材料的物化阶段产生的碳排放，包括材料的加工生产，以及从产地运输到建筑所在地由于运输产生的碳排放；另一部分的碳排放则由于机械的使用而产生的碳排放，在房屋建筑材料更换的过程中会有相关机械参与施工过程，从而产生碳排放。在第 9.3 节本文将演示用 Energy plus 模拟对该过程的测算。

（5）拆除阶段碳排放计算　建筑的拆除过程中运用大型机械设备过程中消耗的化石能源、电力产生的直接或者间接的碳排放；另一部分是指建筑废弃物的处理所产生的碳排放和可回收利用部分建筑材料产生的碳排放总和。

9.2.1　建筑碳排放模拟计算工具介绍

BIM 技术以其对建筑工程多阶段整合和多层级物质构成信息整合的特点，在建筑碳排放评估中表现出显著的优势。然而，建筑信息模型仅能够携带建筑物本体信息，无法实现与碳排放因子等外部重要参考数据的动态关联[43]。为此，本章将重点展示建筑信息模型平台与外部数据库（存储碳排放因子等参照数据）以及建筑能耗模拟平台的动态连接，通过数字化手段实现建筑全生命周期碳排放的自动化评估流程。

（1）数字化设计平台　Rhino & Grasshopper　Rhino 是一款拥有灵活界面和强大几何处理能力的三维建模软件，能够创建、编辑和分析复杂几何形状。其丰富的渲染、动画和布局工具，结合强大的曲线和曲面塑形能力，为设计行业提供高质量和视觉冲击力的设计方案。Rhino 支持多种文件格式的导入和导出，便于与其他软件进行数据交换，与 Grasshopper 结合为设计师提供了创造性和高效的数字化设计工作流程。

Grasshopper 是 Rhino 的插件，是一个基于节点连接的可视化编程工具。通过创建图形化的算法和脚本，设计师可以直观地控制和操纵几何形状。Grasshopper 具备强大的算法和数据处理能力，可通过各种插件扩展其功能。利用插件提供的模拟和计算工具，可以对这些参数化模型进行多方面的分析和评估，如结构分析、材料模拟和能源效率评估等。通过模拟和计算，可以深入了解模型在不同参数组合下的行为和性能，从而帮助设计师做出更准确的决策和优化设计。数字化设计平台 Rhino & Grasshopper 可以全面处理建筑信息模型逐步转化为模拟引擎可识别的建筑能量模型的过程，如图 9-3 所示。

（2）数据转换工具 Ladybug Tools 与性能模拟引擎 EnergyPlus 组合　Ladybug 是一个在 Grasshopper 平台上开发的环境设计和分析工具。它是一套功能强大的插件，专门用于气候分析和太阳能照度分析。通过 Ladybug，设计师可以在建筑设计过程中进行高级的气候数据分析，以评估建筑物的能源效率、室内舒适性和可持续性。其包含的多个组件分别具备气候数据获取、太阳路径分析、天空照度分析、太阳辐射分析等功能。基于参数化模型调用 Ladybug Tools 作为 EnergyPlus 模拟平台的接口，将参数化模型转化为建筑能量模型。EnergyPlus 是一种广泛应用于建筑领域的性能模拟引擎，用于评

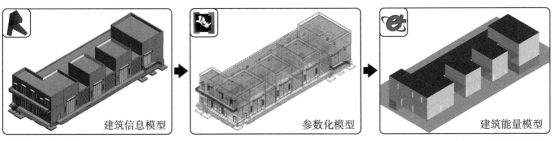

建筑信息模型　　　　　　参数化模型　　　　　　建筑能量模型

图 9-3　信息模型的转化

估建筑能源消耗、室内舒适性和环境影响等方面的性能。它是由美国能源部（DOE）开发的，是一款免费且开放源代码的软件工具。EnergyPlus 可以模拟建筑的能源使用情况，包括供暖、通风、空调、照明等系统的运行。它采用物理建模方法，考虑建筑的结构、材料、设备、气候条件等多个因素，并基于这些参数进行精确的能源模拟和分析。

9.2.2　建筑碳排放模拟计算流程

（1）建立建筑信息模型　碳排放计算基础为根据施工图纸利用 Revit 平台建立的精细建筑信息模型。建模内容包括全部建筑围护结构以及结构体系，精细至构造层级别。实体结构建模时为各族类、类别及各类建筑材料赋予唯一编码，与外部各类数据库主键编码相对应。同时建立完整的"房间—空间"体系，作为后续建筑能量模型自动转换的重要依托。房间体系携带各房间尺寸信息，而空间体系携带设备运行信息包括暖通系统信息、照明信息、电气设备信息等。另外，建筑能耗是建筑运行阶段碳排放的重要组成部分，当前建筑信息模型平台无法承担精确的建筑能耗模拟任务，并且尚未实现与外部能耗仿真平台的整合[44]。

（2）建立建筑能量模型　应用数字化设计平台 Rhino & Grasshopper 强大的算法和数据处理能力，集成各种插件提供的模拟和计算工具，可以对这些参数化模型进行各种分析和评估的特性，是搭接内外层数据的桥梁，实现多维数据的综合管理与应用，同时也承担整合外部性能模拟引擎的功能。

如图 9-4 所示，是步骤 1，集成供建筑信息模型和性能模拟引擎 EnergyPlus 的动态连接"桥梁"，借助 Ladybug Tools 的"addHBGlz"指令创建一个参数化模型（存储于房间构件中）。

步骤 2，通过一系列数字化方法实现多维数据的集成管理、存储与应用，如图 9-5 所示，基于建筑信息模型平台 Autodesk Revit 的模型本体数据向 Honeybee Zone 输入建筑方案模型本体信息。至此我们就得到了包含了全部建筑围护结构与经济技术指标的参数化信息模型（存储于围护结构构件属性中）。

最终通过输入建筑所携带设备的运行信息，如暖通系统信息、照明信息、电气设备信息等参数完成建筑能量模型的构建，通过性能模拟引擎运算得出该模型在运行阶段的能耗与碳排放量。

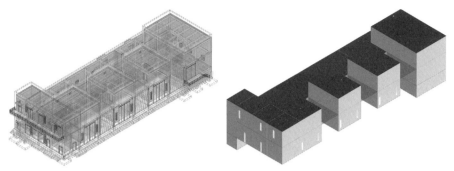

（a）建筑参数化模型可视化

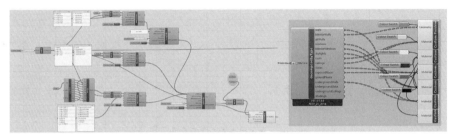

（b）建筑参数化模型指令集成

图 9-4　创建建筑能量模型

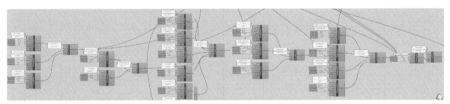

（a）输入建筑方案模型本体信息

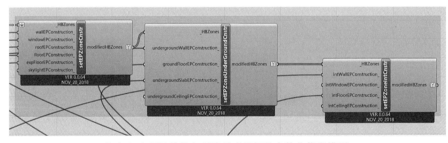

（b）包含围护结构与经济技术指标的参数化信息模型

图 9-5　多维数据的集成管理

9.3.1　建筑运行阶段碳排放计算结果

运行阶段能源用量的评估在本研究中借助 EnergyPlus 模拟引擎完成，因此基础步骤是将建筑信息模型逐步转化为模拟引擎可识别的建筑能量模型。在 9.2.2 小节中已将 BIM 模型转换为参数化模型存储于数字化设计平台中，转化的内容包括建筑空间形态信息（存储于房间构件中），建筑围护结构信息（如窗墙布局等，根据房间边界自动识别对应围护结构构件），围护结构构造信息（如构造层厚度和材料名称，存储于围护结构构件属性中）。接下来需要设置暖通设备基本配置，如风机风量和空调设定点（存储于空间构件中），如图 9-6（a），设定空调类型、开启关闭时间以及相关配置参数等，如图 9-6（b），设定不同室内温度条件下，风机的启停以及通风量等参数。

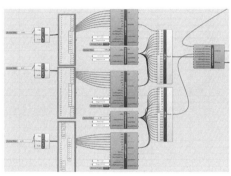 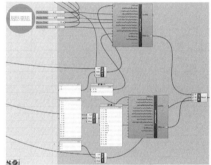

（a）空调相关参数设定　　　　　　　（b）风机相关参数设定

图 9-6　设置暖通设备基本配置

借助外部数据库调用变电站建筑的各类运行时间表，而后通过数据接口添加至建筑能量模型中。最终，通过 EnergyPlus 引擎开展建筑全年能耗模拟，输出的全年分项能耗结果叠加至 50 年生命周期，再换算为电力能源碳排放量，完成运行阶段能源消耗碳排放量的评估，如图 9-7 所示。

变电站建筑多数房间依赖于自然通风与排风机进行温度控制（1 390m²），少部分房间同时配置风机与空调（395m²），个别房间仅配备空调（33m²）。当同一房间内同时存在风机与空调时应遵循如下控制逻辑，当室内温度大于 35℃时，风机关闭空调开启；当室内温度小于 25℃时，风机运行空调关闭。空调夏季制冷设定温度为 27℃，冬季采暖设定温度为18℃。建筑照明综合考虑房间使用情况，统一设置功率为 3W/m²。使用 EnergyPlus 运行全年模拟，空调与风机分项能耗计算结果如表 9-1 所示。

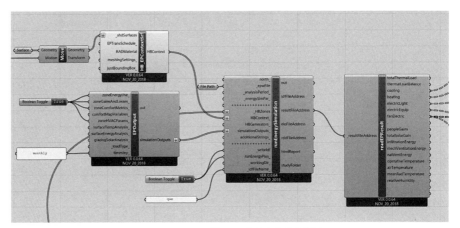

（a）EnergyPlus 引擎开展建筑全年能耗模拟

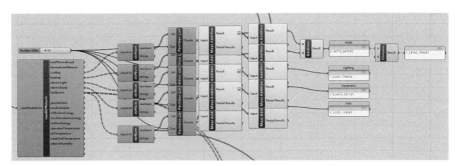

（b）各设备能耗模拟结果

图 9-7　运行阶段能源消耗碳排放量

	月份	制冷能耗 /kWh	采暖能耗 /kWh	风机能耗 /kWh
	1 月	0	2 350.11	2 729.06
	2 月	0	1 998.63	2 505.68
	3 月	0	2 207.01	2 891.62
	4 月	0	1 692.16	2 965.75
	5 月	0.02	376.71	3 024.29
	6 月	9.17	0	2 973.74
混凝土方案	7 月	724.66	0	2 953.61
	8 月	705.35	0	2 951.89
	9 月	29.34	0.22	2 987.11
	10 月	0	1 275.92	3 123.46
	11 月	0	2 241.65	2 917.13
	12 月	0	2 301.05	2 757.45
	合计	1 468.54	14 443.45	34 780.77

变电站全年空调与风机能耗对比　　　　　　　　　　　　表 9-1

9.3.2 建筑全生命周期碳排放计算结果

经计算得到混凝土方案全年空调能耗为 15 912kWh，风机能耗为 34 781kWh。碳排放计算过程如表 9-2 所示，最终计算完成的 50 年运行阶段能源碳排放为混凝土方案 2 330.11t。

运行能耗转化碳排放计算过程　　　　　　表 9-2

	项目	能耗	碳排放因子 /kg/（kWh）	使用寿命 / 年	碳排放 /kg
混凝土方案	空调能耗	15 911.99	0.704	50	560 102
	风机能耗	34 780.77	0.704	50	1 224 283
	照明能耗	15 503.43	0.704	50	545 718
	合计	66 196.19			2 330 113

（1）拆除阶段碳排放计算　拆除阶段碳排放计算无需调用任何模型数据，可根据已获得的建材生产阶段、建材运输阶段、建造阶段与运行阶段碳排放总量按系数折算确定。Rhino & Grasshopper 平台内通过设定固定计算公式完成计算。本研究设定拆除阶段碳排放占总体碳排放量的 5%，计算得到混凝土方案拆除阶段碳排放量为 208 263kg。

（2）全生命周期碳排放计算结果汇总　各阶段碳排放量计算结果汇总如表 9-3 所示，各阶段碳排放量占比如图 9-8 所示。可以看到建筑运行阶段碳排放量占比约为 53%，建筑物化阶段（生产、运输与建造）碳排放量占比约为 42%，建筑拆除阶段占比 5%。其中，运行阶段是最重要的碳排放阶段，但与民用建筑不同的是，在运行能耗的具体组成中，变电站建筑主要能耗来源于风机排风降温，而空调能耗占比较低。

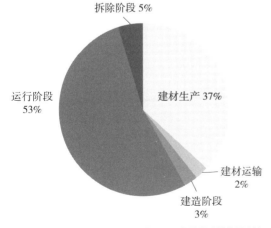

图 9-8　各阶段碳排放量占比

各阶段碳排放量计算结果汇总　　表 9-3

	混凝土方案碳排放 /kg	混凝土方案单位面积碳排放 /kg
建材生产阶段	1 610 172	885
建材运输阶段	107 849	59
建造阶段	117 140	64
运行阶段	2 330 110	1 280
拆除阶段	208 263	114
合计	4 373 534	2 402

9.4.1 本章难点总结

1. 数字化工具的灵活运用：本章所采用的方法涉及数字化平台 Rhino-grasshopper、插件 Ladybug Tools 以及模拟工具 EnergyPlus。搭建准确的建筑能量模型是确保模拟计算结果符合实际情况的关键步骤。通过建筑信息模型的正确搭建，以及多维数据的集成管理，输入建筑所携带设备的运行信息，并正确调用相关指令库，这些步骤同样对模拟计算结果起到决定性的作用。

2. 工业建筑与民用建筑的差异：工业建筑与民用建筑在建筑功能、使用寿命和维护方式等方面存在显著差异。这导致不同结构的民用建筑碳排放研究结论不能直接套用到工业建筑中。作为工业建筑的重要组成部分，不同结构类型变电站的全生命周期碳排放研究相对较为罕见。因此，需要制定并调用相匹配的计算方法和数据库。

3. 建筑能耗与建筑信息模型平台的挑战：建筑能耗是建筑运行阶段碳排放的关键组成部分。然而，当前建筑信息模型平台尚无法承担精确的建筑能耗模拟任务，也尚未实现与外部能耗仿真平台的完全整合。为实现建筑全生命周期碳排放的自动评估流程，需要通过一系列数字化方法实现建筑信息模型平台与外部数据库（存储碳排放因子等参考数据）以及建筑能耗模拟平台的动态连接。

9.4.2 思考题

1. 通过模拟计算，对钢结构变电站建筑在运行阶段的碳排放进行全面分析。

2. 调研变电站低能耗建筑技术，从建材选择、围护结构设计，到温湿度智能控制等多个方面深入研究，以降低变电站建筑的能耗水平。

3. 比较对两种结构形式的建筑进行全生命周期碳排放计算的结果比较。从节能减排和经济性的角度出发，探讨两种结构形式的变电站建筑在碳排放方面的优劣。

4. 思考在建筑运维阶段获得的反馈数据如何影响设计者的决策。

第10章

碳中和建筑信息模型案例实践

——农村住宅

随着经济的不断发展，社会生活水平的提升以及居住条件的改善，农村住宅的建筑形式也在持续完善和演进。然而，当前我国农村住宅建设水平普遍较有限，住宅设计和能源使用状况与农户生活发展需求存在不匹配之处。相对于过去的农村住宅，新型农村住宅更加注重低碳、环保和节能。本章节中，将重点展示某农村住宅在生产、运输、施工、运行多个方面的碳排放情况，通过 Revit 平台建立模型，导入能耗软件进行模拟分析，并对每个阶段的碳排放进行详细计算，最终得出总的碳排放量。本章主要内容及逻辑关系如图 10-1 所示。

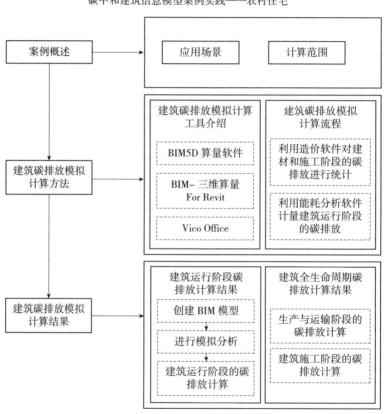

图 10-1　本章主要内容及逻辑关系

10.1.1 应用场景

案例选取我国某寒冷地区的农村绿色建筑为研究对象，通过前文的分析得知，在建筑全生命周期内，碳排放主要集中在运行阶段。对于寒冷地区的农村建筑，由于供暖与烹饪在同一过程中完成，采用一火两用的方式既解决了取暖问题又解决了炊事问题。因此，建筑运营阶段的能源消耗主要用于满足供暖需求。案例建筑物共计两层，建筑面积 411.19m²，住宅围护结构采取保温措施后的住宅，以及在围护结构采取保温措施的基础上加设阳光间，建筑物窗墙比等均符合规范要求，满足当地的民俗特点和居住要求。案例建筑首层平面图如图 10-2 所示。

本案例碳排放量计算方式是利用 BIM 技术自动生成工程量清单，并生成各种材料的使用量，通过添加建筑材料的碳排放因子，方便快捷地计算建筑物的碳排放量。对于施工过程中机械台班的使用量，可以通过造价定额并结合施工机械的实际使用情况，推导出机械的台班数，从而计算出施工阶段的碳排放。将建好的建筑模型导入到相关能耗软件中，对建筑物运行阶段进行能耗模拟分析，通过能源的消耗量乘以对应能源的碳排放因数，得到建筑运营阶段的碳排放，从而确定建筑全生命周期内的碳排放量。

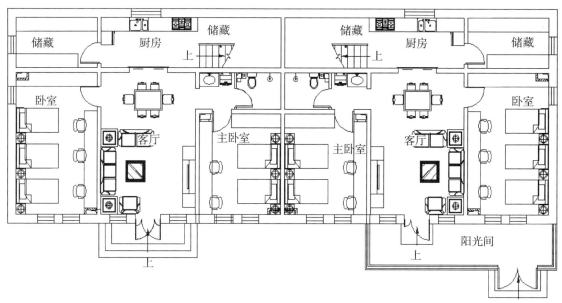

图 10-2 案例建筑首层平面图

10.1.2 计算范围

集成并应用三维建模软件、造价分析软件和能耗软件的优势，对寒冷地区农村建筑在整个生命周期内的碳排放总量进行计算，这种测量方法方便快捷，可操作性强。随着"可持续发展"这一理念的不断深入，绿色建筑以其节能减排、保护环境的特点在建筑领域得到不断的发展与推广。目前，绿色建筑在城市建设中得到大力推广，然而，在农村建筑中还需要进一步的普及。案例选取我国北方寒冷地区农村住宅建筑作为研究对象，基于 BIM 技术结合当地气候、地理条件对建筑全生命周期进行碳排放分析，为设计出合理的绿色建筑住宅形式提供研究价值。

本章节采用 Revit 进行三维建模，将模型通过格式转换导入能耗软件。在能耗模拟分析的过程中，通过输入地理位置和更改围护结构材质，获取整个建筑的能耗分析结果，从而推算碳排放量。建筑信息模型技术在我国寒冷地区农村绿色住宅方面有着有效的应用，为该领域提供了碳排放计量的技术支持。通过使用造价软件进行建筑耗材和工程量的统计，以及导入定额计算机械使用的台班量，可以通过将各种建筑耗材量与对应的碳排放因子相乘并累加，得出建筑材料生产和运输阶段的碳排放量。同样，将折算出的不同机械使用台班量与对应机械台班的碳排放因子相乘并累加，可以得到施工过程中机械的碳排放。在建筑运行阶段，碳排放主要源于日常生活需求导致的能源消耗。通过建筑信息模型平台将建筑模型导入能耗分析软件，可以计算运行阶段的能耗。将能源消耗量乘以相应的碳排放因子，即可得出建筑在运行阶段的碳排放。这一全面的分析过程为绿色建筑的碳排放提供了详实的数据支持。

10.2.1 建筑碳排放模拟计算工具介绍

除了前文提到的通过数字化平台集成公式计算生产阶段建筑碳排放的方法，还可以利用建筑信息模型软件进行数据统计与计算。具体而言，可以通过统计建材量并与相关造价类软件对接，提取各类建材的使用量。接下来，将使用的各类建材量乘以相应的碳排放因子，得到各类建材的碳排放量。以广联达公司的 BIM5D 算量软件为例，该软件支持导入由 Revit 软件生成的三维模型，并导出 BIM5D Files 格式。如图 10-3 所示，可以精确计算各类建材

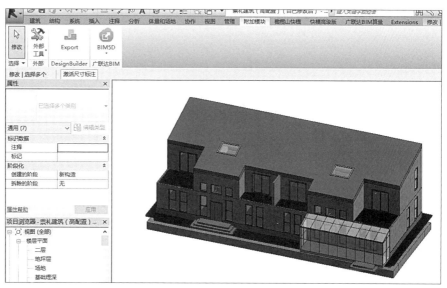

图 10-3　基于 Revit 软件输出 BIM5D 格式

的种类和数量，生成详细的材料使用表。随后，将这些数据乘以相应的碳排放因子参数，即可计算出绿色建筑所使用各种建材的碳排放量。这种方法高效而且准确，为建筑碳排放量的评估提供了有力的支持。

斯维尔的"BIM-三维算量 For Revit"软件是一款可以直接嵌入 Revit 软件的工具，它涵盖了各地的定额标准，可以根据具体的施工地点进行选择。该软件具有简洁的操作界面，能够与 Revit 软件实现无缝对接，轻松地在 Revit 软件中完成工程量和定额造价的统计工作，如图 10-4 所示。依据表 6-8 中的计算公式，通过精准匹配不同材料在生产或运输过程中的碳排放因子，可以对各个阶段的碳排放量进行准确计算。因此，这使得在建筑碳排放评估中，利用斯维尔的软件能够更加有效地实现精确计量和可靠分析。

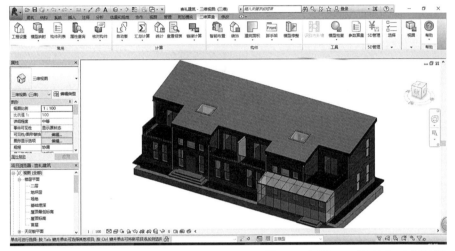

图 10-4 斯维尔 BIM 算量与 Revit 软件对接

Vico Office 在施工模拟和工程量统计方面拥有非常完善的功能，而且在国际市场上取得了广泛的认可。如图 10-5 所示，利用 Vico Office，我们能够基于建筑信息模型进行精密的工程量和施工模拟分析，实现造价与建筑信息模型的准确对应。换句话说，如果建筑信息模型发生变化，Vico Office 中的工程量也会相应更新，确保施工过程与模型的同步性。尽管该软件无法直接反映碳排放量，但在项目开始施工前，我们可以利用该功能预测项目的资源使用情况，包括人力和财务。在建造阶段，它能够有效满足项目的成本管理、进度管理和资源管理需求，通过合理的工期优化以降低碳排放，并合理配置资源。

相较于 Vico Office，前文提到的"广联达 BIM5D"和"斯维尔 BIM-三维算量 For Revit"软件在市场上表现更为突出。斯维尔 BIM-三维算量 For

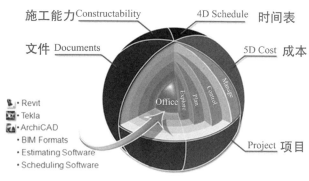

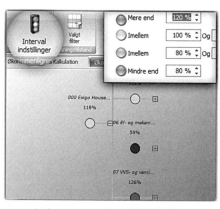

（a）Vico Office 文件交互逻辑　　　　　　（b）Vico Office 施工模拟操作界面

图 10-5　Vico Office 施工模拟分析界面

Revit 软件能够对建筑模型的工程量进行精准计算和统计，同时按照预设规则进行扣减。基于这一基础，分部分项工程量清单能够以报表的形式直观呈现，方便直接导出或打印。而广联达计价软件则是国内广泛采用的工程造价软件，通过功能如"新建单位工程—清单项查询—定额项查询—工程造价计算"，全面统计分部分项工程和措施项目，生成综合单价分析表、暂列金额表、计日工表等。

10.2.2　建筑碳排放模拟计算流程

1）利用造价软件对建材和施工阶段的碳排放进行统计

将 Revit 建好的三维模型导入到广联达计价软件中，由于不同地区定额存在一定的差异，将首先对工程量清单和定额库进行选择，根据建筑所在地本文选择定额清单库，经过分析计算，软件会自动生成详细的工程报表，包括工程量清单、定额造价等。利用生成的工程量报表计量统计建筑的主要建材，并选取相应的碳排放因子计算建材碳排放量，根据造价软件自动生成的定额表格，折算实际施工过程中的机械使用种类和当地机械台班的定额费用，计算出主要使用机械的台班数，将机械使用的台班数与对应机械的碳排放因数相乘便可以得到施工期间的碳排放量。

2）利用能耗分析软件计量建筑运行阶段的碳排放

农村绿色建筑运行阶段能耗计算模拟之前首先对相关参数进行设定，参数的设定主要依据《农村居住建筑节能设计标准》的规定并结合农村实际情况。考虑到目前我国寒冷地区农村生活习惯，建筑内只采取相应的加热措施，没有空调制冷措施，对整个建筑物的耗能进行模拟计算，通过能源平均利用率和平均日常生活用电计算建筑运行期间的碳排放。

案例实践结合我国寒冷地区农村住宅绿色建筑的基本特点，对该建筑在生产、运输、施工、运行阶段的碳排放进行详细研究和计算，最终得到了总的碳排放量。

10.3.1 建筑运行阶段碳排放计算结果

（1）创建 BIM 模型　建筑物总共包括两层，总建筑面积为 411.19m^2。根据 Weather tool 软件选择的最佳朝向，确定建筑物朝向。住宅围护结构采用保温措施后形成住宅，同时在此基础上增设了阳光间。建筑物的窗墙比和其他关键参数均符合规范的要求，兼顾了当地的民俗特点和居住需求，住宅原型 Revit 模型操作窗口如图 10-6 所示。

图 10-6　住宅原型 Revit 模型操作窗口

为降低围护结构的热量损失，减少能源消耗产生的碳排放，住宅的外墙结构采用了砖 + 聚氨酯板保温层 + 中压混凝土空气砌块，而内墙则采用中压混凝土空气砌块。在建模阶段，我们按照设计方案详细设置了墙体的构造层厚度和材质。图 10-7 展示了外墙和内墙的构造划分过程截图，以及平面中墙体构造展示。

屋顶为单坡屋顶，带天窗。屋顶构造为：阿尔托瓦 + 防水卷材 + 细石混凝土找平层 + 聚氨酯板 + 防水层 + 水泥砂浆找平层 + 钢筋混凝土 + 水泥砂浆。同样地，在建模过程中，按照设计方案对屋顶进行了构造层厚度和材质的搭建，图 10-8 为屋顶构造层划分过程截图和剖面中的屋顶构造展示。

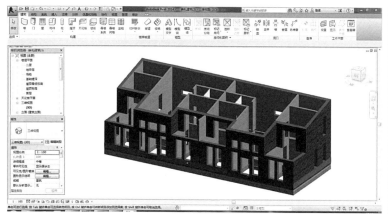

（a）建筑墙体截面图

（b）墙体构造信息

图 10-7　墙体模型与内墙构造层划分

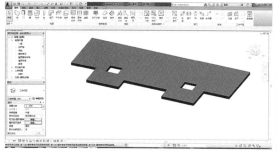

（a）屋顶构造层划分过程截图

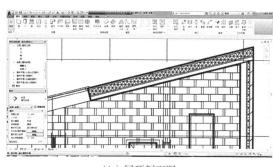

（b）屋顶剖面图

（c）屋顶构造信息

图 10-8　屋顶构造及材质搭建

（2）模拟分析　建筑信息模型可将核心建模软件生成的三维模型进行格式转换，并导入相关能耗软件进行详细分析模拟。这使得设计者能够深入研究建筑在后期运行阶段的能耗情况，通过对能耗量的评估进而估算建筑在运行阶段的碳排放量。具体而言，通过能耗软件 Ecotect 与 Revit 软件的协同作业，设计者可以将 Revit 软件生成的三维模型输出为 gbXML 格式，如图 10-9 所示。随后将这一格式的模型导入到 Ecotect 软件中，如图 10-10 所

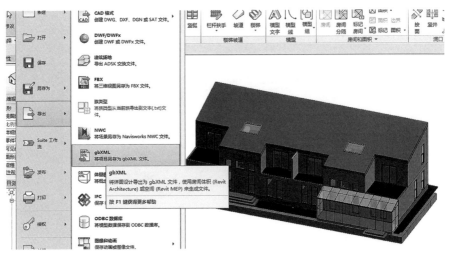

图 10-9　模型在 Revit 软件进行格式转换

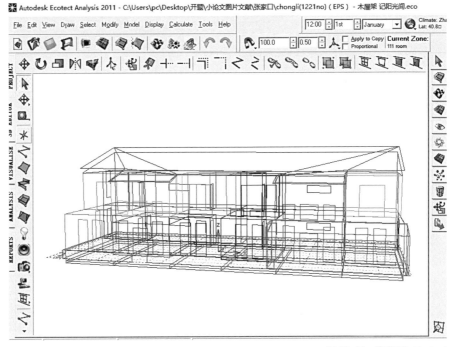

图 10-10　模型导入 Ecotect

示，从而进行详尽的能耗模拟分析，得出能量消耗值，并最终将其转化为碳排放的计量。

（3）建筑运行阶段的碳排放计算　参数的设定主要依据《农村居住建筑节能设计标准》GB/T 50824—2013 的规定并结合农村实际情况。考虑到目前我国寒冷地区农村生活习惯，建筑内只采取相应的加热措施，没有空调制冷措施，对整个建筑物的耗能进行模拟计算，如图 10-11 所示，可见

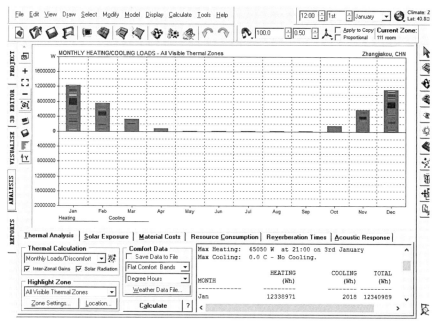

图 10-11 建筑进行全年能耗模拟分析结果

耗能主要集中在冬季，建筑一年总能耗为 36 898kWh。年单位平方米能耗为 89.7kWh/m²。

目前我国寒冷地区农村能源的主要构成是：秸秆、煤、天然气、电力，就目前农村能源消耗比例来看，冬季取暖过程中的能源消耗，主要来源于燃烧秸秆和煤来提供热量。目前秸秆、煤、天然气的能源平均利用率可以分别达到 39.25%、60%、60%。该建筑平均日常生活用电 100kWh/月。由此，通过能耗计算建筑运行期间的碳排放，碳排放明细如表 10-1 所示。将运行阶段碳排放量进行汇总，年碳排放量为 18 804.18kg，按照建筑 50 年的使用寿命则运营阶段总的碳排放为 $Q_{运行}$=18 804.18kg×50=940 209kg。

建筑运行期间的年碳排放明细 表 10-1

能源	数量	碳排放因子	碳排放量
秸秆	9.85t	1 390.4kg/t	13 695.44kg
煤	6.54t	725.4kg/t	4 744.116kg
天然气	0.082t	426.6kg/t	34.981 2kg
电力	1 200kWh	0.274 7kg/kWh	329.64kg

10.3.2 建筑全生命周期碳排放计算结果

（1）生产与运输阶段的碳排放计算 如前文介绍，将 Revit 三维模型成

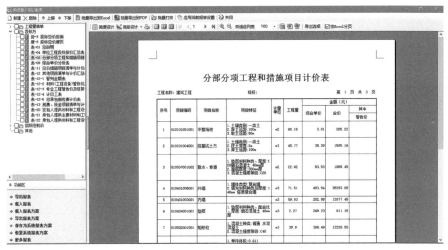

（a）导入广联达 BIM5D

（b）工程报表界面

图 10-12　造价软件生成工程报表

功导入广联达 BIM5D，生成详细的工程报表，如图 10-12 所示。通过对这份工程量报表的仔细统计，我们得以计算建筑主要建材的使用量，并进一步选取相应的碳排放因子进行建材碳排放量的精准计算。具体而言，在这一过程中，建材的总碳排放量为 $Q_{生产与运输}=363\ 985.4\text{kg}$，关于主要建材碳排放的详细信息请参见表 10-2。

材料名称	规格	单位	数量	碳排放系数	碳排放量（kg）
普通硅酸盐水泥	42.5	t	183.36	1 222.76kg/t	224 205.3
混凝土空心砌块	390×190×190	千块	11.16	3 400kg/千块	37 944
标准砖	240×115×53	千块	77.48	504kg/千块	39 049.92
水泥瓦	385×235×14	千块	5.72	608kg/t	3 477.76
碎石		t	721.1	44.97	32 427.87
中砂		t	477.5	47.27kg/t	22 571.43
EPS 泡沫塑料		t	0.96	3 332.76kg/t	3 199.45
木材		m³	1.48	165.12kg/m³	244.377 6
玻璃	19mm 厚	m²	36.9	23.45kg/m²	865.305

（2）建筑建造阶段的碳排放计算　根据造价软件自动生成的定额表格，我们能将实际施工过程中机械使用种类和当地机械台班的定额费用进行精确对照。在这一比对的基础上，我们计算出主要使用机械的台班数，将这些机械使用的台班数与相应机械的碳排放因子相乘，最终得到了施工期间的碳排放量。具体而言，施工阶段总的碳排放量为 $Q_{施工}$=4 261.1kg。有关施工期间机械使用的详细碳排放信息，请参见表 10-3。

机械名称	数量	碳排放因子	碳排放量
挖掘机 0.6m³	12	127.95kg/台班	1 535.4kg
混凝土搅拌机 350L	10	31.073kg/台班	310.73kg
插入式混凝土振捣棒	7	2.856kg/台班	19.992kg
汽车式起重机 8t	11	89.853kg/台班	988.383kg
自卸车 10m³	15	93.77kg/台班	1 406.55kg

通过上述计算求出该农村住宅在整个生命周期内（除拆除阶段）的碳排放总量为：$Q=Q_{生产与运输}+Q_{施工}+Q_{运行}$=363 985.4kg+4 261.1kg+940 209kg= 1 308.5t，通过上述数据，可以看出，在该建筑的运行阶段，碳排放的占比最大。尽管通过改变围护结构形式可以实现绿色建筑的节能减排目标，但由于当前农村仍主要依赖秸秆和煤炭作为主要能源供给形式，导致碳排放依然相

对较高。要实现低碳排放，可以考虑采用清洁能源、提高能源使用效率，以及对使用的具体设备进行改造。同时应考虑延长建筑的使用寿命，避免短期内的重新建设，减少材料浪费，也可以有效降低碳排放。在建筑材料的生产和运输阶段，碳排放的比例仅次于运行阶段，绿色建筑在材料选择上应注重全生命周期的考量，特别关注后期运营过程中碳排放的减少。

10.4.1　本章难点总结

1. 在使用建筑信息模型技术进行碳排放计算时，首先需要通过 Revit 进行三维建模，并与造价软件相结合。详细设定各部分围护结构的材料构成是关键步骤，它能够生成精确的工程量清单，从而准确计算建筑的建材量，进而推导出建材生产运输阶段的碳排放量。值得注意的是，材料生产和运输阶段的碳排放核算可能因为需要统计每一种材料的运输距离和运输工具而导致计算量巨大，在实际研究中可能较难实现。

2. 精确计算建筑在施工建造过程中机械台班的使用量是另一个关键步骤。需要通过工程量清单并结合当地的定额系统，准确计算出建造阶段的机械使用量，从而计算建造阶段的碳排放。借助建筑信息模型技术对建造阶段进行模拟，并通过优化工期，对机械的合理使用进行优化，以达到低碳排放的目标。

3. 在选择碳排放因子时，应当考虑到不同数据库给出的数值可能存在较大差距，这会对计算结果的精确性产生影响。此外，不同能耗软件的选择也可能导致能耗值存在一定的差异。因此，需要查阅相关文献，确定有关建材、能源以及施工过程中的机械用具等方面的碳排放因子。在具体计算中，结合建筑所属地域的特征，对各阶段的碳排放因子进行筛选，以确保数据的精确性。

10.4.2　思考题

1. 将案例选址调整为南方某地，其中以空调作为主要控温设备，从而探讨在这一背景下建筑在不同阶段的碳排放量，并进行深入分析。

2. 思考当设计目标要求对进光量有一定要求时，如何在减少建筑碳排放的同时实现对多个目标的优化选择，需要对设计决策进行调整。

第11章

碳中和建筑信息建模推动建筑绿色化转型

本章主要内容及逻辑关系如图 11-1 所示。

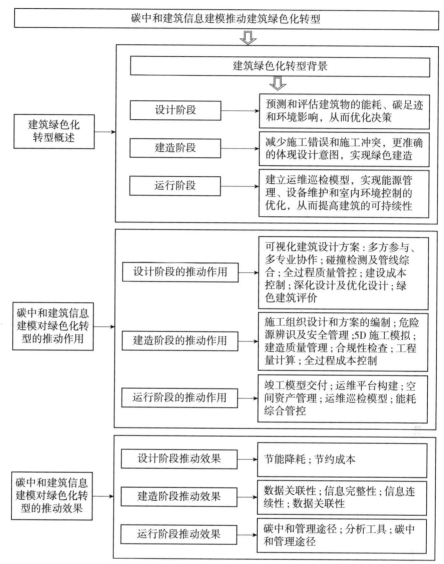

图 11-1　本章主要内容及逻辑关系

11.1 建筑绿色化转型概述

日前，《中共中央 国务院关于全面推进美丽中国建设的意见》指出："当前，我国经济社会发展已进入加快绿色化、低碳化的高质量发展阶段，生态文明建设仍处于压力叠加、负重前行的关键期，生态环境保护结构性、根源性、趋势性压力尚未根本缓解，经济社会发展绿色转型内生动力不足，生态环境质量稳中向好的基础还不牢固，部分区域生态系统退化趋势尚未根本扭转，美丽中国建设任务依然艰巨。"而建筑领域是能源消耗和 CO_2 排放大户。加快推动建筑的绿色化转型，对于实现碳达峰碳中和、推动绿色低碳高质量发展具有重要意义。

在此背景下，绿色建筑作为一种可持续建筑设计和建造理念，受到越来越多的关注，BIM 作为一种集成数字化的工具和方法，正在改变建筑行业工作的方式和流程。为实现碳中和这一长远目标，将建筑信息模型技术与绿色建筑的设计、建造以及运行维护相结合，通过绿色建筑设计建造和运维，可减少建筑对能源和资源的依赖、降低环境污染和碳排放，提供更健康、舒适的室内环境，实现更全面、准确和可持续的绿色建筑设计决策、绿色建造及绿色运维，为实现建筑绿色转型提供强有力的保障。

在绿色建筑策划设计阶段，建筑信息建模技术可以更好地预测和评估建筑物的能耗、碳足迹和环境影响，从而优化决策，包括选择适当的材料和技术，优化建筑形态和布局，提高能源效率，实现可再生能源的利用，提高室内空气质量，最大限度地减少环境污染等。建筑信息模型是集成化数字化平台，以其信息集成和协同管理的特性，为绿色建筑提供了广阔的应用空间，在绿色建筑建造阶段，利用建筑信息模型的可视性、5D 施工模拟、数据自动提取、实时对比纠偏等强大功能，减少施工错误和施工冲突，更准确地体现设计意图，实现绿色建造。BIM 技术在建筑的运行和维护阶段也发挥着重要作用，通过建立竣工建筑信息模型，融合了建设过程中的各项信息，在建造阶段做出的修改将全部同步完善补充到建筑信息模型中，在建筑信息竣工模型基础上建立运维巡检模型，实现能源管理、设备维护和室内环境控制的优化，从而提高建筑的可持续性。

11.2.1　设计阶段的推动作用

　　BIM 技术的实现和应用都离不开建筑信息模型软件。建筑信息建模技术不是单个软件的开发和应用，也不是某一类软件所能涵盖的。建筑信息建模技术涉及建筑全生命周期的各个不同阶段、不同专业各方的协同；绝不可能是单一软件所能完成的。从世界范围来看，目前常用的建筑信息模型软件数量就有几十个之多。从类型上分，建筑信息模型软件大致可分为建筑信息模型方案设计软件、与建筑信息模型接口的几何造型软件、可持续分析软件、机电分析软件、结构分析软件、可视化软件、模型检查软件、深化设计软件、模型综合碰撞检查软件、造价管理软件、运营管理软件、发布和审核软件等[45]。

　　建筑可视化是建筑信息模型的一个最基本的应用方向，通过建筑信息模型软件建立的可视化建筑设计方案，可以简单通过参数控制关系调整建筑的造型，并能够达到协同设计、同步更新的效果。渲染功能、漫游演示，虚拟现实等新技术、新功能的介入，可以更加充分地表达复杂形体的设计意图，创建更加逼真的展示效果。设计信息在整个设计，乃至建设过程中的传递和表达方式得到根本性的改进。三维空间的操作不仅适合建筑师的设计思维和工作模式，而且可以准确无误地全方位模拟呈现出真实情境，供不同专业背景的参与者进行直观评价[46]。使建筑设计由繁入简，可以充分征求不同专业、不同背景人群的意见，仅需修改参数，即可展示修改后的建筑全貌。

　　多方参与、多专业协作是建筑信息模型设计的主要特点。建筑信息建模技术体现了不同工种在设计过程中的协作优势，它不仅保证了传统二维图纸的设计深度，而且可以提供全覆盖式的设计信息，各专业在同一模型上工作并实时显现工作成果，在满足各专业的工作协调同时，还可以无缝连接设计的各环节。项目越复杂，其应用优势体现越加明显。设计阶段建筑信息模型工作流程如图 11-2 所示。

　　（1）碰撞检测及管线综合　通过建筑信息模型自动检测机电设备与墙、梁、楼板的冲撞，精确定位所需开孔位置，避免了管道穿剪力墙，影响结构安全性。通过建筑信息模型进行走道的管线排列，既能满足设备专业的运行要求，又能节省走道净空。在通信机房内部，机架上部布放各种走线架及管道，包括电力走线架、信号走线架、空调风管、消防喷淋管等。通过建立建筑信息全专业模型，实现各专业之间的协同设计，通过碰撞检测及三维管线综合，解决交叉碰撞、安装空间及检修空间狭小等问题。碰撞检查示意图如图 11-3 所示，风管定位孔洞预留效果图如图 11-4 所示。对机房内部设备及管线进行优化，可以提高空间利用率，减少后期设计变更量。

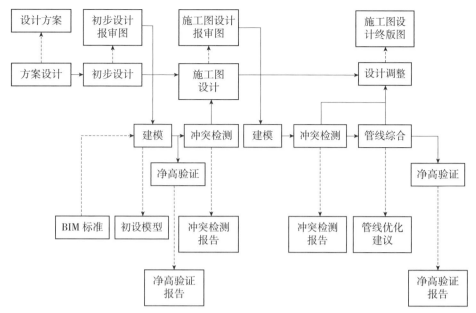

图 11-2 设计阶段建筑信息模型工作流程

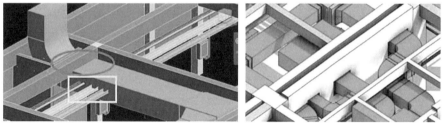

图 11-3 碰撞检查示意图　　　图 11-4 风管定位孔洞预留效果图

（2）全过程质量管控　运用建筑信息模型审图软件进行图纸审查，不仅提高了审图效率，而且大大降低了设计调整的难度。在建设项目的实施过程中，建设方对建筑的功能可能会有新的要求，给项目建设带来不确定性，常常会出现在建设中面临功能及形态调整的需求。在紧张的建设中实现准确无误的设计调整是设计与施工经常面临的重要挑战。建筑信息建模技术的制图优势在于不同专业修改同一设计模型，相关调整对所有图纸的关联性可以一并完成。

（3）建设成本控制　采用建筑信息建模技术设计的模型中，所有的构件都含有各自的信息，运用建筑信息模型造价软件控制项目总造价尤为方便，设计的任何调整都可立即形成成本和造价的对应变化，使得实时计算整体建造成本成为可能。

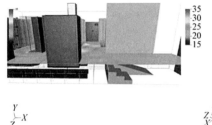

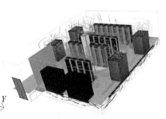

（a）FLUENT 软件计算截图　　　　（b）地板下送风模拟结果　　　　（c）机架散热模拟

图 11-5　机架温度分布模拟

（4）深化设计及优化设计　运用建筑信息模型软件，可对设计进行深化或优化。例如，某建筑中心机房设备散热需求巨大，机房气流组织的合理性直接影响散热效果和空调能耗。利用机房的 Revit 模型，将机架简化成一个长方体结构，设置可见性分析模型。将机架的布置方式导入到 FLUENT 软件，机架温度分布模拟如图 11-5 所示，设定包括通信机架、架空通风地板、空调送排风通道等组件的模拟参数，得到下送上回的送风方式下，用机房的温度场、风速场、风压场等模拟结果，验证通信机房内部冷热通道分离的精确气流组织方案。减少了送风、回风短路现象，以合理进行风量分配[48]。最后，通过改变建筑信息模型中设备管道的几何参数，对比计算模拟通风量，经方案优化选取最优通风方案，实现节能降耗。

（5）绿色建筑评价　理想的绿色建筑评价体系需对建筑环境性能进行准确而有效的度量，准确而客观地反映该建筑的实际环境效益和性能表现。在绿色建筑项目评价过程中，客观有效的、系统性的量化数据是衔接信息设计数据的重要方式，也是进行绿色度评价的重要信息来源。目前国际上建筑信息模型技术普遍采用 IFC 标准进行数据共享与传递，并构建相应的转换与流程。IFC 标准是重要的数据交互标准，可支持建筑信息模型体系并实现相应的数据转换需求。建筑信息模型包含绿色建筑评价所涉及的构件、材料、设备、环境质量影响等方面的内容和属性，并在 IFC 标准中进行信息表达并传递，最后在此基础上构建出相应的流程和框架[49]，基于建筑信息模型性能设计数据信息转换与绿色度评价流程如图 11-6 所示。

绿色建筑评价在设计阶段是对设计成果的检查和评价，在建造阶段是对绿色建筑设计是否达到绿色标准的鉴定，在建筑信息模型中，绿色建筑的评价是动态评价，在施工的各个阶段，都可以得到阶段性评价结果。

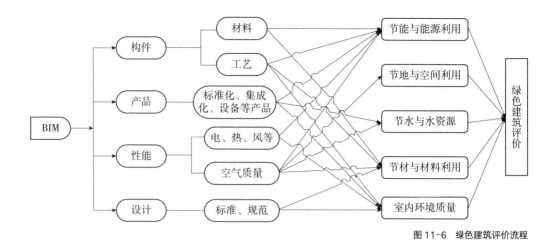

图 11-6　绿色建筑评价流程

11.2.2　建造阶段的推动作用

（1）施工组织设计和方案的编制　利用建筑信息模型的可视性功能，在施工文件的编制时可以"身临其境"极大地提高了方案的科学性及合理性，在项目的施工准备阶段亦可通过建筑信息模型的强大功能进行虚拟作业，对施工方案进行虚拟化操作验证和调整，防止施工中发生土石方、水暖电系统、结构施工中的几何冲突，避免施工时间或空间上的冲突碰撞，保证施工工序间的衔接性、保证施工工艺的配合度和流畅度。

（2）危险源辨识及安全管理　利用建筑信息建模技术的可视化功能，将建筑工程中的施工信息、材料信息、设备信息等参数纳入施工 4D 模型，开展施工模拟测验，模拟工程车辆行驶、吊装作业、高处作业、电气作业、交叉施工等风险作业，在施工现场精准辨识危害因素，分析解读安全生产隐患，完善安全措施。还可以通过安全管理虚拟化操作，验证安全措施的可靠性，确保安全生产。

（3）5D 施工模拟　数据中心的土建及工艺施工方案与建筑信息模型进行动态关联，以动态的建筑信息模型模拟整个施工过程，及时发现施工质量和安全问题，据此调整完善施工组织方案。利用建筑信息模型融入时间信息和造价信息，形成由三验证（模型）+（时间）+（造价）的五维建筑信息模型。通过 Naviswork 软件，集成工程量、建设进度、工程造价信息，对项目施工过程进行模拟。通过模拟发现土建工程、机电设备安装工程的最佳时间节点，从而保障了项目的整体进度，合理控制建设成本。

（4）建造质量管理　建筑信息模型质量控制的原理就是在施工前将质量标准分解到每个工序、每个部件；在施工过程中，连续对比检查每道工序与标准值的偏差，及时改正不合格项；在完工后验证整体质量偏差。例如：

姚习红等人在武汉某商务主楼钢结构变形监测项目中，通过运用三维激光扫描的建筑信息建模技术，对超高层建筑物进行变形监测，结合点云处理软件 Cyclone、CAD 插件 CloudWorx 精确获取目标点云的数据信息，导入 Rhino 与 Tekla 进行三维建模，建立钢结构建筑信息模型管理模型。此技术既能满足施工过程中精细化质量管理，又能满足后期运营中的变形监测。

（5）合规性检查　自动提取建筑信息模型数据信息，采用专家系统模型，在电气设计系统、光伏设计系统、围护和表皮系统、给水排水系统基础上，利用数据库结构对实际建筑结果进行信息提取与映射，以过滤器的方式获取参数，通过空间数据衍生，提取实例模型的属性信息，对应规则库中的相关检查点，进行合规性检查。比如在墙体的合规检查中，对象映射就是"墙"，属性映射就是墙的宽度、高度和长度，在楼梯的合规检查中，对象映射就是"楼梯"，属性映射就是楼梯宽度、踏步高度和宽度[51]，将此类参数输入到机电设备模型中，进行几何属性和非几何属性的计算，检查建设标准的满足度。

（6）工程量计算　通过建筑信息模型对施工过程进行指导，若现场出现与设计模型不一致的地方，可及时反馈进行修改，保证模型与现场一致。施工单位利用建筑信息模型导出指定区域的机电专业设备材料明细，如表 11-1 所示，自动统计机电设备产品的类型、尺寸、数量等数据，方便对设备管线造价进行精确算量，以作为现场工程量的参考。同时业主也可利用建筑信息模型导出设备材料明细表，将概预算明细表与施工明细表进行比对、分析产生偏差的原因，及时修正。

机电专业材料明细表示例　　　　　　　　　表 11-1

类型	尺寸 /mm	数量
球阀	250~250	8
法兰片 DN25	250~250	8
Y 形过滤器	250~250	2
双位电动阀	250~250	2

（7）全过程成本控制　建筑信息建模技术成本控制模型可与造价软件无缝衔接，实现全过程成本控制，保证了成本控制、造价审计的实时性和准确性；对施工过程中发生的变更，应随时在建筑信息模型中详细记录，以便动态控制、动态核算；工程师根据建筑信息模型中的详细记录，动态化掌握工程项目变更内容，与审计部门核对现场签证单中的每一项，做好对原始材料的收集，对工程数量进行准确校对，将主要工程量进行分区，亦可实现建筑

工程造价的分区核算、分区审计，避免了"事后算总账"的弊端。在施工结束后预算员与工程师分步骤对工程量进行核对，绘制对比分析表，通过相关软件的定位，确定子项目偏差百分率警戒值。运用建筑信息模型，可通过服务器自动检索施工过程中的各项成本数据，构建建筑信息模型数据库，更新目标模型数据，提高造价审计的精确度。

11.2.3 运行阶段的推动作用

对运行维护的有效管理，是实现绿色节能目标的关键。建筑信息模型最大价值体现正是在数据中心的运维管理阶段。

（1）竣工模型交付 竣工建筑信息模型融合了建设过程中的各项信息，在建造阶段做出的修改将全部同步完善补充到建筑信息模型中，形成建筑信息模型竣工模型。竣工模型包含完整的土建、机电、设计、施工信息和通信工艺设计安装信息等参数，通过系统整合，该模型数据库将为各系统的运行维护提供查询及管理依据。投入使用后，建筑信息模型可同步提供土建和机电设备系统的运行情况及运行数据、使用效率等方面的信息。

（2）运维平台构建 运维平台可基于建筑信息模型的运维管理平台构建，主要由数据采集层、数据处理层、平台层、应用展示层等构成。平台主要由 C/S 端、B/S 端、移动端组成。其中 C/S 端是基于 U3D 的二次开发，用于客户展示及管理中心使用。B/S 端采用 JAVA 语言开发，包含了数据中心运维的业务逻辑，整合了传统 IBMS 系统内核，可由现场人员使用。移动端可实现运维异常问题及时上报，发送工单进行处理，保障了项目的运营效果。建筑信息模型运维管理平台使数据中心随业务发展、技术升级、功能变化带来的动态调整更加高效与精准。目前数据中心建筑信息模型运维管理系统还在研究初期，运营管理功能模块属于定制化开发，和现有的 DCIM 系统进行集成和信息共享。重点研究的功能模块包括：动力环境监测系统、资产管理系统、安防监控系统、能耗分析系统等。

（3）空间资产管理 为了有效管理建筑空间、提升数据中心空间利用率和动态适应性，可结合建筑信息模型运维平台开展空间资产管理。基于建筑信息建模技术对各类机房及配套使用空间进行信息统计分析及统筹调配，可提升数据中心功能空间的动态适应性。通过输入不同资产的属性信息，在建筑信息模型运维管理平台中设置报警阈值，当资产达到需维护维修年限时，可自动下发工单，规范资产维护管理，提高资产使用寿命。

（4）运维巡检模型 基于建筑信息模型竣工模型构建巡检模型并纳入运维平台管理，利用建筑信息模型进行能耗分析和环境效益分析，构建建筑外围护结构参数表，统计增量成本与效益。在运维管理过程中，将物联网技术与建筑信息建模技术相结合，创建智能控制系统，可以实时监测绿色建筑内部的温湿度，与自动化控制系统相结合，提高运维效率，通过 RFID（Radio Frequency Identification）进行危害识别，实行远程操控。

（5）能耗综合管控　建筑信息模型运维平台可对能耗数据进行采集、统计分析、动态调配，求得最佳的能效管理水平，最大程度地节约能源。监控空调的出风、回风温度，冷热通道的三维温度分布等。该平台根据设备发热量、空调配置等情况，结合室外环境温度的变化因素，基于人工智能算法优化，生成实时、连续的温度分布三维视图，给出有针对性的改善建议。平台可智能调整空调系统开启的数量、风速及温湿度设定，以达到节能降耗的目的。对于出现的能耗异常情况，可以实时报警，并发送工单给维护人员进行检修。运维平台可对能耗分类统计，提供环比同比分析，实现对运维能耗的实时管控。

碳中和是国家发展的战略目标，它标志着文明、和谐、健康发展，不仅代表了现代工业化的水平，也是人类发展的必由之路。碳中和是全社会的责任，作为耗能大户的建筑业，必将首当其冲，率先承担起自己的责任。

建筑信息建模是一种技术、一种方法、一种过程，它不仅包含了工程项目全生命周期内的信息模型，而且还包含作业人员的具体管理行为模型，通过建筑信息模型技术管理平台将两者的模型进行整合，从而实现工程项目的集成管理应用。建筑信息建模技术的出现将引发整个 A/E/C（Architecture/Engineering/Construction）领域的第二次革命，它给建筑业带来了巨大的变化[53]，以全新的手段推动建筑的绿色化转型。

建筑信息模型是一个建筑设施物理属性和功能属性的数字化描述，是工程项目设施实体和功能属性的完整描述。它基于三维几何数据模型，集成了建筑设施其他相关物理信息、功能要求和性能要求等参数化信息，并通过开放式标准实现信息互通。同时，建筑信息建模技术贯穿于建筑的整个全生命周期——生产、运输、建造、运行、拆除阶段，实现绿色建筑工程统筹管理，提升其建设质量、强化建设效果，从而实现良好的工程效益。

11.3.1　设计阶段推动效果

在碳中和背景下，建筑信息模型在绿色建筑工程实践的策划、设计阶段中有着明显的技术优势和实际意义，主要表现为以下几点：

（1）性能模拟及优化　通过建筑信息模型进行虚拟建造，演示建筑性能及性能模拟，判断设计方案的性能优劣；根据建筑区域环境信息，对建筑能耗进行把控，避免对环境造成较为严重的影响；并且利用建筑信息建模技术可以对绿色建筑室内的温度、自然采光等环境性能进行模拟和分析，降低能耗，提高环境性能，提升使用者的舒适度。

（2）多方案比较　设计初期的建筑方案决策对于建筑能耗和物理环境性能有重要影响，随着设计进程的推进，建筑与节能和环境性能可优化余地越来越小，获得相同收益所投入的成本则越来越高，应用建筑信息建模技术可随时进行多方案比较，实现设计初期的建筑能耗快速预测，最经济高效地实现绿色、低碳、低成本的目标。

（3）设计调整　策划、设计阶段是工程建设的基础，其质量直接影响着工程建设的质量与成本。由于各专业在同一平台工作，建筑信息模型使得整个设计过程无缝衔接，特别是在物理环境性能方面，通过建筑信息建模技术的模拟，分析室内各项物理环境性能，通过获得的数据和信息，对特定方向进行规划调整，可以在降低能耗的同时提高室内环境舒适度，实现资源合理使用的目的。

（4）设计衔接与跟进　　在方案信息对接方面，利用建筑信息建模技术可以进行系统化模拟和演示，将水电、土建、安装，以及消防等方面，直接展现。同时可以对绿色建筑工程设计变动进行实时跟踪和管理，准确掌握实时的情况，并根据施工现场反馈在工程模型中进行检验，从而调整设计，保证设计方案的可行性。

（5）设计完善与储存　　建筑信息建模技术在设计阶段可以对变动后的数据和信息进行储存，以保证设计方案更加符合实际情况，减少负面影响的产生。同时，可以创建多个数据库，以全方位地记载工程建设数据，为完善工程设计奠定基础。

11.3.2　建造阶段推动效果

建筑信息建模技术从根本上改变了传统的建造方式，以全新的信息传递方式、推动建造智能化，从而推动建筑绿色化转型。

（1）信息共享性　　建筑信息模型是一个共享的数据库，实现建筑全生命周期的信息共享。基于这个共享的数字模型，工程的生产、运输、建造、运行、拆除各个阶段的相关人员都能从中获取他们所需要的数据。这些数据是连续、即时、可靠、一致的，为该建筑从概念设计到拆除的全生命周期中所有工作和决策提供可靠依据。

（2）信息完整性　　建筑信息模型，通过数字信息来描述建筑物所具备的真实信息。真实信息不仅包含描述建筑物空间形状的几何信息，还包含建筑物的众多非几何信息，如构造材料、混凝土等级、钢筋标号、工程造价、进度计划等工程相关信息，为实现碳中和目标，还要包括所有材料、部件的碳排放信息。建筑信息模型就是把所有信息参数化，用计算机模拟建立一个建筑模型，并把所有的相关信息整合到这个建筑模型中。

（3）信息连续性　　建筑信息模型是一个内容丰富、数据完整、逻辑缜密的建筑信息库。建筑信息模型是一个由计算机模拟建筑物所形成的信息库，包含了设计阶段的设计信息、建造阶段的施工信息以及运营维护直至拆除的后期信息，项目生命周期的全部信息一直是容纳在这个三维模型信息库中。建筑信息模型能够连续瞬时地提供项目设计内容、进度计划和成本控制等信息，使这些信息完整准确并且协调一致。建筑信息模型可以在项目变更、施工过程中保持信息不断调整并可开放数据，使设计师、工程师、管理者、施工人员能够实时地掌握项目动态信息，并在各自负责的专业区域内做出相应的调整，提高项目的综合效益。

（4）数据关联性　　因为建筑信息模型要实现建设项目全生命周期的连续管理，所以它的结构是一个包括信息模型和行为模型的复合结构。信息模型包含了建筑物全部的几何信息及实体特征信息，行为模型则包含与管理有关的进度、成本、碳排放等信息，两个模型通过数据关联，结合为建筑信息模型，进而用于模拟建筑的真实过程，例如模拟建筑的梁柱的应力分布情况、保温层的隔热状态、基础工程的施工进度等。需要注意的是，模拟的逼真程度与信息的完备程度是密切相关的。

11.3.3　运维阶段推动效果

建筑信息建模技术提供了一种应用于规划设计、智能建造、运营维护的参数化管理方法和协同工作过程。而且这种管理方法能够实现建筑工程不同专业之间的集成化管理，还能够使工程项目在其建设的每个阶段都能大大提高管理效率和在最大程度上减少损失。建筑信息模型的基础行为，总体上可分为创造和分析两类，分别对应行为工具和分析工具。

（1）行为工具　行为工具或称创造工具可以创建模型，并能根据模型的数据信息生成任何部位、任何角度、任何平面、任何空间的视图文件和执行文件（如平、立、剖面图等）。"分布式"是目前建筑信息模型的最常用的发挥形式，它将创造平台与分析平台整合为一体，既能体现"创造"的作用，又能发挥"分析"的功能。行为工具模型包括：设计模型、施工模型、进度模型、资源模型、建造模型、运营模型。由于都建立在一个共同的数据库上，可以利用这些模型进行碰撞检测（如构件和设备的冲突、结构与管线的冲突、施工机械与场地的冲突等），这些冲突可以在建立模型的过程中尽早发现，并协调解决，提前预防在真实场景发生此类冲突。

（2）分析工具　它可以从模型数据库中任意调取数据，并根据不同的需求，分析不同的数据，给出用户需要的结果。例如：应力分析工具可调取项目的建筑结构、承重构件分布、钢筋水泥标号、楼面承载力以及项目所在地的地质情况、风荷载、雨雪荷载、地震烈度等各方面的信息，计算出建筑在各种情况下的应力分布和安全稳定指标，项目团队可以根据结果对方案进行修改，进行再分析，直到应力分布和稳定系数都达到满意为止。

（3）碳中和管理途径　碳中和模型和设计、施工、进度、资源、建造、运营等模型是并列的，由于都建立在一个共同的数据库上，它可以利用这些模型中的碳排放信息，通过碳中和评测工具、分析工具、管理工具等来进行碳排放的测算、调整、整合、管理和考核；从而在建筑的全生命周期中，保证碳中和目标的实现。

建筑信息模型也是一种信息化技术，它的应用需要信息化软件。在项目的不同阶段，不同利益相关方通过建筑信息模型软件在建筑信息模型中提取、应用、更新相关信息，并将修改后的信息赋予建筑信息模型，支持各专业之间协同工作，以提高设计、建造和运行的效率和水平。建筑信息模型的发展和信息化行业的发展是分不开的。

建筑信息建模技术的应用在我国发展较晚，还处于适应、完善阶段。尽管建筑信息模型软件开发工作在国内起步不晚（早在 20 世纪 90 年代末，鲁班、PKPM 等公司就开始了建筑信息模型软件研发），但发展不快。目前国内施工管理软件主要有鲁班公司的鲁班 SP、MC 等，广联达 BIM5D 软件和广联达梦龙的 GEPS 项目管理系统，斯维尔的综合性工程管理平台，PKPM 软件等。并且他们一直致力于数据交换标准和与主流建筑信息模型软件数据交换接口的研究，如鲁班开发 Luban Trans 数据接口，通过该接口实现鲁班与 Revit、XSteel、ArchiCAD BIM 的数据互通，对建筑信息模型在建造阶段的应用起到了积极作用。总的说来国内建筑信息模型软件开发仍处于起步阶段 [54]，相关技术标准有待完善，建筑业各方使用建筑信息模型的主动性尚未形成。

目前国内的建筑信息建模技术成功案例多数是在建筑施工上的应用，软件开发也主要集中在建设施工管理方面。项目全生命周期建筑信息建模技术应用得较少，在运行阶段的应用就更少，建筑信息模型尚未形成完整的产业链。信息化产业的发展，碳中和建筑信息模型软件的开发，建筑信息模型在项目全生命周期的普遍应用，建筑信息模型产业链的形成并使产业链上各参与方享受建筑信息建模技术带来的成果，建筑信息模型标准、规则的建立等各方面，都表明碳中和建筑信息模型尚不具备运行的条件。但随着碳中和战略的逐步推进，碳中和信息建模技术一定会成为达到碳中和目标的有效途径。

11.4.1　本章难点总结

1. 建筑信息模型应用于建筑全生命周期的阶段划分

生产阶段、运输阶段、建造阶段、运行阶段、拆除阶段。

2. 在设计阶段设计建筑信息模型对建筑绿色化转型的推动作用

（1）基本应用方向：建筑可视化，通过参数控制关系调整建筑的造型，协同设计、同步更新。

（2）主要特点：多方参与、多专业协作、各专业在同一模型上工作。

（3）精确定位：碰撞检测及管线综合，保证结构安全性。

（4）全过程质量管控：设计调整只是参数调整。

（5）建设成本控制：所有的构件都含有各自的信息，任何调整都可立即形成成本和造价的对应变化，准确预测建造成本。

（6）深化设计及优化设计：运用建筑信息模型系列软件，可对所要求的各种工况进行模拟，真实、直观地体现设计效果，通过方案对比达到优化的目的。

（7）绿色建筑评价：理想的绿色建筑评价体系需对建筑环境性能进行准确而有效的度量，准确而客观地反映该建筑的实际环境效益和性能表现。

3. 在施工过程中建筑信息模型对建筑绿色化转型的推动作用

（1）施工组织设计和施工方案的编制：进行虚拟作业，对施工方案进行虚拟化操作验证和调整。

（2）危险源辨识及安全管理：通过安全管理虚拟化操作，验证安全措施的可靠性，确保安全生产。

（3）5D施工模拟：利用建筑信息模型融入时间信息和造价信息，形成由三验证（模型）+（时间）+（造价）的五维建筑信息模型。

（4）施工质量管理：建筑信息模型质量控制的原理就是在施工前将质量标准分解到每个工序，每个部件；在施工过程中，连续对比检查每道工序与标准值的偏差，及时改正不合格项；在完工后验证整体质量偏差。

（5）合规性检查：自动提取建筑信息模型数据信息，采用专家系统模型，进行合规性检查。

（6）工程量计算：通过建筑信息模型对施工过程进行指导，现场出现与设计模型不一致的地方，及时反馈进行修改，保证模型与现场一致。

（7）全过程成本控制：与造价软件无缝衔接，构建建筑信息模型数据库，实现全过程成本控制。

4. 在建筑的运行阶段，建筑信息模型实现综合管控的工作路径：建筑信息模型运维平台可对能耗数据采集、统计分析、动态调配，求得最佳的能效管理水平，最大程度节约能源。

5. 碳中和参数化管理途径

（1）行为工具：根据模型的数据信息生成任何部位、任何角度、任何平面、任何空间的视图文件和执行文件，创造平台与分析平台整合为一体。

（2）分析工具：它可以任意从模型数据库中调取数据，并根据不同的需求，分析不同的数据，给出需要的结果。

（3）碳中和管理途径：碳中和模型和设计、施工、进度、资源、建造、运营等模型是并列的，可利用这些模型中的碳排放信息，通过碳中和评测工具、分析工具、管理工具等来进行碳排放的测算、调整、整合、管理和考核。

6. 国内建筑信息模型技术应用现状

目前国内的建筑信息建模技术成功案例多数是在建筑施工上的应用，软件开发也主要集中在建设施工管理方面。在项目全生命周期建筑信息模型技术还应用得较少，在运维阶段的应用就更少，建筑信息模型尚未形成完整的产业链。

11.4.2　思考题

1. 简述建筑信息模型应用于建筑全生命周期的阶段划分。

2. 简述在策划、设计阶段建筑信息模型的主要应用。

3. 简述在施工过程中建筑信息模型的主要应用。

4. 简述在建筑的运行维护阶段，建筑信息模型实现综合管控的工作路径。

5. 试讨论碳中和参数化管理途径。

6. 试讨论国内建筑信息模型技术应用现状。

7. 试讨论建筑信息模型推动建筑绿色化转型的技术、方法和过程。

第 12 章

碳中和建筑信息建模推动建筑工业化加速

本章主要内容及逻辑关系如图 12-1 所示。

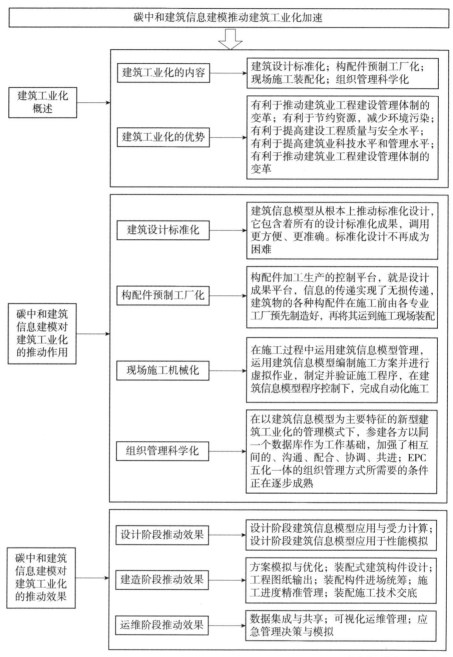

图 12-1　本章主要内容及逻辑关系

建筑工业化是指以标准化设计、部品化构件、机械化施工为特点，把设计、制造、建造施工等整个产业链进行集成整合，能让建筑项目实现复杂、高效的建筑生产方式[54]。推进建筑工业化与推进建筑产业现代化和装配式建筑是一脉相承的。建筑工业化是以工业化发展成就为基础、融合现代信息技术，通过精益化、智能化生产施工，全面提升工程质量性能和品质，达到高效益、高质量、低消耗、低排放的发展目标。实现建筑工业化，对于提高工程质量、提高劳动生产率、降低工程成本、缩短建设工期及加速实现建筑业现代化等具有重大意义[55]。

建筑工业化相比传统建筑业，在生产方式上、可持续发展上实现突破，体现了以下优势：

（1）有利于提高工程建设效率　建筑工业化生产实现建筑构件及部品工厂化生产，现场机械化程度高，湿作业少，不仅可以缩短工期，而且可以减少施工人数，提高劳动生产率。

（2）有利于节约资源，减少环境污染　工厂化生产过程中对砖、砂、水等建筑原材料的利用更加充分，有助于节约能源资源。建筑工业化进程中广泛采用节能、节水、环保技术，会对经济和社会发展产生明显效益，成为推进其进一步发展的有效动力。

（3）有利于成本节约　规模化效应降低了生产成本，同时减少了材料和人力的浪费，进一步降低了建筑成本。数字化和智能化技术的应用，使得建筑生产和装配化安装更加高效，减少了人工成本。

（4）有利于提高建设工程质量与安全水平　建筑工业化生产是标准化、工厂化生产，减少人工操作，对质量控制和安全管理都有了极大的提高。

（5）有利于提高建筑业科技水平和管理水平　建筑工业化是一个系统工程，涉及方方面面，包括建筑本身的结构体系，以及建筑部品系统的研制开发；还有建筑设计与施工水平，建筑的日常运行管理，建筑的节能减排、信息化管理和绿色施工等，为延长建筑业的产业链、提升建筑业的科技含量、增加建筑业的附加值，提供了良好的契机，注入了新的动力。

（6）有利于推动建筑业工程建设管理体制的变革　建筑工业化的推进，将会对工程建设管理领域的设计管理、招标投标管理、构件生产管理和施工企业管理提出更高的要求，将促进行业的协调发展，有力推动设计施工一体化进程，促进企业不断改革创新，提高核心竞争力。

由于现场施工的特殊性，建筑业与其他标准化制造企业相比效率低下，其中一个主要原因就是标准化、信息化、工业化程度低。建筑信息模型的理论基础是 CAD、CAM 技术的传统制造业计算机集成生产系统 CIMS（Computer Integrated Manufacturing System）理念和以产品数据管理 PDM 与 STEP 工艺流程为标准的产品信息模型 [53]。建筑信息模型在建筑业的运用，改变了建筑全生命周期的管理方法，推动了建筑业工业化生产的进程。

建筑信息模型由于其信息集成和协同管理的特性，标准化设计、部品化构件、机械化施工甚至建成后的建筑运行、维护，都工作在同一平台、或者说建立在同一个数据库之上，使得建筑工程多参与方的协同更直接、更紧密，更利于实现碳中和目标。

12.2.1　建筑设计标准化

标准化设计亦称"设计标准化"。在采用新技术的基础上，将使用面广、要求相同的建筑构配件、设备装置或零部件等，经过综合的科学研究而编制成相互配套、成系列的整套设计文件，经审批规定为全国或地方通用的设计。它要求在技术参数、设计参数、材料性能、构配件规格、施工工艺、操作方法等方面有一个基本要求和标准尺度。使用标准设计可以节省设计成本量，缩短设计周期，加快提供设计图纸的速度，提高设计质量，为构件生产工厂化、施工机械化提供重要条件。设计标准图集就是设计标准化的成果和工具。

建筑信息模型从根本上推动标准化设计，它包含着所有的设计标准化成果，调用更方便、更准确。由于设计信息在整个设计乃至建设过程中的传递和表达方式得到根本性的改进，所以标准化设计不再成为困难，唯一的问题仅仅是标准化的推广和实现。

12.2.2　构配件预制工厂化

构配件预制工厂化，也可以说，构配件加工生产的控制平台，就是设计成果平台，使设计和加工的配合更趋完美。这是指按照专业分工建设各种适当规模的钢筋混凝土构件厂、墙板厂、木材加工厂、金属构配件厂等；建筑物的各种构配件在施工前由各专业工厂预先制造好，再将其运到施工现场装配。构配件在工厂重复批量生产，有利于加快施工进度、缩短建设周期、提高构配件制作的效率和质量、降低建设成本。对于建筑信息模型，设计和生产处在同一个信息模型，或者说建立在同一个数据库之上，从设计到生产，信息的传递实现了无损传递，便于形成设计生产一体化，也便于实现工业化建筑的通用建筑体系，更利于实现构配件生产工厂化。渲染功能、漫游演示，虚拟现实等新技术、新功能的介入，使设计和生产的联系更为紧密。

12.2.3　现场施工机械化

施工单位只管把各种成套的预制构配件运到施工现场按图纸要求进行安装（组装），施工机械化甚至可以说是组装机械化，极大地提高了机械化的程度。建筑机械化施工的发展一般历经三个阶段：第一阶段是部分机械化，主要作业采用机器操作，其他相联系的作业仍用手工；第二阶段是综合机械化，各种作业都用机器来完成，工人只操作机器；第三阶段是机械自动化，各种机器的运行由专门的仪表来控制，不需要人工操作。在施工过程中运用建筑信息模型管理和建筑信息模型编制施工方案并进行虚拟作业，制定并验证施工程序，在建筑信息模型程序控制下，完成自动化施工。建筑信息模型在这方面有许多成功案例。

12.2.4　组织管理科学化

组织管理科学化是建筑工业化发展的必然结果，在以建筑信息模型为主要特征的新型建筑工业化的管理模式下，参建各方以同一个数据库作为工作基础，加强了相互间的沟通、配合、协调、共进；EPC 五化一体的组织管理方式所需要的条件正在逐步成熟。

EPC 五化一体就是在设计—生产—施工一体化的前提下，发挥建筑信息模型平台的优势，推进设计标准化、生产工厂化、现场装配化、主体装饰机电一体化、全过程管理信息化的 EPC"五化一体"发展模式，建筑信息建模技术真正做到了信息的无损传递，方便了设计—加工—运输—装配的产业关系协调和信息沟通；建立以设计为引领，以项目现场为核心的工程总承包管理模式。推行 EPC"五化一体"发展模式，有利于促进各方的协同发展。总承包方可以发挥经验信誉、管理能力、资金能力、组织能力等方面的优势，全面为业主方提供总承包服务；设计方可以全过程跟进，从技术策划、方案设计、施工图设计到深化设计，在建筑信息模型平台上全面发挥作用；施工承包方可以利用建筑信息模型，通过开展冲突检测，快速推进施工；构件生产方根据建筑信息模型整体细化方案，统筹生产线安排，合理优化工艺，更利于提高自动化水平；机电装修方面，通过整体化设计安装、工厂化集成加工，实现机电装修一体化，形成密切合作、环环相扣、合作共赢的管理新局面。

12.3.1　设计阶段推动效果

（1）方案策划阶段建筑信息建模应用　运用建筑信息模型强大的信息处理和收集能力，收集预制构件等相关信息并进行综合管理，建立构件数据库，通过平台处理转换，使方案的比较筛选、论证更科学、更精准、更便捷。

（2）设计阶段建筑信息模型应用与受力计算　在建筑信息模型中导入Medias Civil 和 FEA，进行大体积混凝土温度应力模拟计算。使用 Tekla、Revit 建立钢结构与单侧支模模型，讨论复杂施工节点工艺；建立 Plaxis 模型，针对上下基坑土方坡道对工程桩的影响以及其自身稳定性进行仿真模拟分析，估算结构安全储备，运用建筑信息模型进行基坑受力计算及大体积混凝土监测，如图 12-2 所示。

场地动态布置与优化：根据各阶段施工场地要求进行模拟布置，规划场地及施工道路，在模型中布置 3 台挖掘机配合 12 台自卸车开挖外运土方，规划出土坡道宽度，模拟运土顺序，辅助方案优化；同时，根据现场临建区域规划，进行基础、地下室、地上三阶段建筑信息模型布置方案，进行设备虚拟排布，提升布置效率。

该方案运用建筑信息建模技术深化设计，优化地下室混凝土浇筑方量，降低混凝土用量约 2 700m³；增加现场临建施工场地 2 500m²，优化上下基坑坡道方案，节约成本约 100 万元；优化钢结构施工设计，增加利润约 120 万元。优化支撑结构形式；通过虚拟作业进行现场施工可视化交底；运用建筑信息模型对高边坡土坡道安全性验证，监测大体积混凝土绝热升温，并对一层大堂高支模安全稳定性进行验算等，提高了现场作业的精准性，保证了施工安全。

（3）设计阶段建筑信息模型应用于性能模拟　利用建筑信息模型及性能模拟平台可对设计阶段的建筑模型进行物理环境性能的模拟分析及优化设计，在设计阶段可高效地提升设计方案的性能表现及节约能耗。

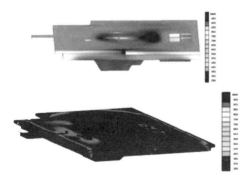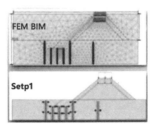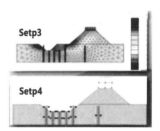

图 12-2　运用建筑信息模型进行基坑受力计算及大体积混凝土监测

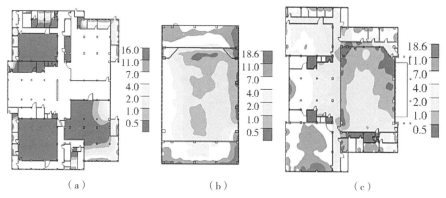

$$（a）\qquad\qquad （b）\qquad\qquad （c）$$

图 12-3　典型户型光照模拟分析（单位：10^2Lux）

如图 12-3 所示，该方案运用采光分析典型户型的采光效果，其中：房间共 62 个，采光面积 6 907.46m²；按满足要求数量 35 个房间，采光面积 3 983.57m²（满足要求的比例 56.45%），筛选出不满足强条的房间及其编号。通过将该项目模型导入绿建分析软件进行光照模拟分析，对所取得的数据结果进行优化设计，使采光效果达到效益最大化。

12.3.2　建造阶段推动效果

（1）方案模拟与优化

①虚拟施工演示　对房屋建筑混凝土条板工艺、超高层伸臂桁架预拼装与安装工艺以及钢筋桁架楼承板安装工艺等重点分项工程，制作施工工序与工艺视频，在 Fuzor 平台中添加动画脚本，形成工艺流程视频，最后将原始文档用施工逻辑串联成完整的视频，清晰地展示细部节点及规范要求，通过虚拟施工演示，加强作业人员对关键工序的熟悉和理解。基于建筑信息模型的工艺模拟如图 12-4 所示。

②模型建立与工程量统计　建筑信息模型按全专业建模，建立各分部分项工程模型后将主要模型整合于同一软件平台。对施工过程中的设计变更及时录入、修改、更新，确保其准确性。土建、机电与钢结构专业模型如图 12-5 所示。

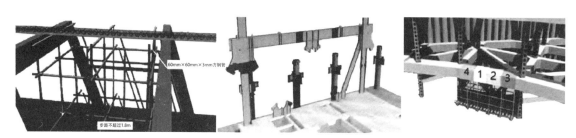

图 12-4　混凝土条板、伸臂桁架等建筑信息模型虚拟施工

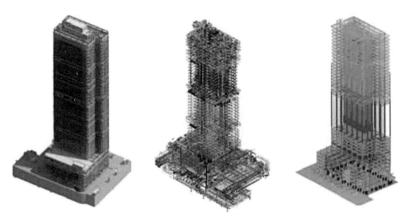

图 12-5　土建、机电、钢结构等不同专业的建筑信息模型

③应用建筑信息模型计算工程量　根据构件类型区分构件命名，在软件明细表中使用筛选功能过滤出所需构件，进行实物工程量统计，以控制各工序材料；精确定位预留孔及预埋件，指导精准施工。按完成的工程量统计，通过将 GFC 插件导入广联达 GTJ 进行添加钢筋量，运用广联达 GCCP 定额计价，指导现场进度管理与分包结算等工作。

④钢结构专业深化施工设计　运用 Tekla 软件对地下室、裙楼以及塔楼约 6 935t 钢结构深化施工设计，过程中对直径 1.2m 的钢管柱，重 6.5t 的伸臂桁架单元块，进行拆分生成零件图及构件图、工程量清单，指导构件加工与现场施工。

⑤机电专业深化设计　将混凝土结构、钢结构、机电安装等多专业模型逐层进行合并，导入 Navisworks 平台，进行碰撞检查，定位出本专业内部及各专业间的碰撞点，提前解决图纸问题，将电气、空调水、暖通、喷淋等专业模型逐一优化，包括支吊架、阀门、三通四通接头等细部构件，模型精度可用于指导后台加工和现场安装。通过各专业反复优化调整，最终实现走廊 2.65m、办公区 3.05m 的净空要求。在检修空间优化过程中，增加 1.2m 高度净高，整理合计 8 根电气桥架、4 根风管，有效提升空间高度。基于建筑信息模型的机电深化如图 12-6 所示。

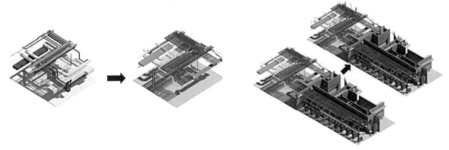

图 12-6　建筑信息模型机电深化

以轻量化建筑信息模型为信息集成的核心，以 Revit 为核心软件进行精细化建模，选用的软件如表 12-1 所示。

项目建筑信息模型应用软件配置 表 12-1

序号	应用软件	应用内容
1	AutodeskRevit	管线综合等模型建立
2	Navisworks	进度模拟管线综合模型整合 3D 漫游
3	Fusion360	三维仿真与渲染
4	Lumion8.0	施工模拟动画制作
5	Tekla	钢结构深化设计
6	广联达土建算量	土建类各分项工程量
7	广联达现场布置	施工现场平面布置
8	广联达模板脚手架	高支模施工方案编写、施工技术交底、措施材料用量统计

以现场施工需求为出发点，由专业工程师指导建筑信息建模技术应用，搭建与项目管理制度相匹配的智慧工地管理平台，对施工中的难点应用建筑信息模型重点控制。控制点如表 12-2 所示。

建筑信息模型重点控制的施工点 表 12-2

序号	施工中的难点	建筑信息模型应用内容
1	场地布置及运输	利用模型实现三个阶段的动态场地布置，优化土方上下坡道方案
2	高支模施工安全	建筑信息模型 + 广联达高支模软件合理计算
3	钢结构施工技术与质量	钢结构深化指导加工
4	土建结构	工程量统计预留预埋出图
5	复杂机电系统	机电管线深化设计、净高优化
6	施工过程管理与施工监测	模型挂接施工管理与监测信息进行实时反馈

（2）装配式建筑构件设计　考虑到构件预制、模板的共用性以及结构之间的匹配性，设计中尽量采用通用构件，此过程涉及复杂的运算及装配验证，建筑信息建模技术所具有的直观优势、模拟能力得以充分体现，通过模拟施工装配，确定构件装配顺序，全面考虑整体结构安全，以及在施工过程中可能遇到的不确定因素，确定构件装配顺序，实现方案的精准输出。

（3）工程图纸输出　工程的建筑信息模型建立后，通过建筑信息建模技术，利用 Revit 平台的图纸导出功能，可准确地输出图纸，除输出建筑、结构、暖通、电气等各专业图纸外，还可根据需要精准输出关键位置剖面图以及特殊位置节点详图，对于重点、难点以及关键工程节点单独列举，并同时完成整理、编排工作,建筑信息建模技术使该工作开展效率更高,所获取的图纸更加准确,由于所有图纸建立于同一个三维模型,避免了各专业图纸之间存在彼此矛盾或不兼容的问题。

(4)装配构件进场统筹 通过建筑三维模型的指引,明确当下现场的实际施工状态以及后续施工的构件需求,结合构件的生产周期以及运输周期与供应商下单,确保各个构件按顺序供应,保障按需到场,避免现场出现构件囤积及构件二次倒运的质量风险。借助信息建模技术建立产业链保障体系,进行装配式构件物资管理,使工厂和现场紧密衔接。

(5)施工进度精准管理 通过建筑信息模型分解施工工序,将已完成施工内容、正在进行的施工进度及时输入模型,可视化施工实际情况;由于现场采取装配式与现浇混凝土相结合的施工形式,精准的进度信息更利于工序间的精准配合,实时微调,避免窝工和流水作业不畅带来的损失,实现各施工队伍的无缝配合。

(6)装配施工技术交底 装配式的施工模式与一般现浇混凝土相比具有显著的不同,将构件进行精准拼装后,钢筋套筒连接以及注浆作业是十分重要的。目前业内相关资料不多,安装施工队伍缺乏经验,通过施工技术交底工作,使其明确具体的工艺流程以及验收标准,是控制工程质量和防止质量偏差的重要措施。如图12-7所示,在施工技术交底工作中,通过建筑三维模型将工序进行细致分解、三维动画演示,讲述施工顺序及相关技术要求,相比于其他交底方式而言,这样能够实现所见即所得的效果,即使不具备全面专业技术知识的劳务工人也可通过建筑信息建模技术明确该节点的具体做法。

建筑信息模型具有直观性、智能性、界面友好、交互能力强等优势,通过模拟、交互等手段,为工程项目设计及施工管理提供了完美解决方案。对结构安全性计算以及施工方案优选起到了重要作用,在施工过程中,在技术、质量、现场统筹、施工进度计划管理等方面成效斐然。关键工序和特殊节点做法一次验收合格率为100%,项目的进度、质量和成本得到了有效的控制。

12.3.3 运行阶段推动效果

由于项目运行阶段有周期较长、时间跨度大、内容略多、涉及人员复杂的特点,传统的运维管理模式效率低下,无法继续适应项目需求。则在运维阶段中引入建筑信息建模技术,

图12-7 技术交底演示关键装配节点

可以为各专业工作人员提供一个高效便捷的管理平台，在满足用户基本活动需求的基础上增加投资收益，同时实现设计、施工和运行阶段的信息共享。建筑信息模型对于建筑运行阶段的推动效果主要体现在对建筑的实时监测和管理。通过建筑信息模型采集和集成数据，进行实时监测和管理、进行数据分析和挖掘、持续改进和优化可以大幅度提高建筑的运维效率、降低运维成本、延长建筑寿命、提高建筑的安全性。

目前，建筑信息建模技术已经在一些大型建筑项目的运维阶段中得到了广泛应用，并取得了显著的效果。建筑信息模型在运维阶段的应用主要体现在以下几方面：

（1）数据集成与共享　建筑信息模型集成了从生产、运输、建造、运行直至使用周期结束的全生命周期内各种项目信息、模型信息以及部件参数等数据，这些数据全部集中于建筑信息模型的数据库中，为项目的运维管理系统提供相关的信息、数据，实现了信息相互独立的系统之间的资源共享和业务协同。

（2）可视化运维管理　在监测、调试和故障检修时，运维管理人员通常需要定位部件在建筑物空间中的位置，并同时查询其检修所需要的相关信息。而设备的定位工作是重复的，不仅耗费工作人员的时间和劳动力，而且大大降低了工作效率。通过引入 BIM 技术，可以确定电气、暖通、给水排水等重要设施设备在建筑物中的具体位置，实现了运维现场的可视化定位管理，同时能够同步显示设备设施的运维管理内容。

（3）应急管理决策与模拟　通过调取 BIM 中存储的应急管理数据，在获取信息不足的情况下，作出相应的应急响应决策；利用建筑信息模型，识别系统中可能发生的突发事件并协助工作人员做出应急响应，确定危险发生的位置；并且建筑信息模型中存储的空间信息可以判断疏散线路和周围危险环境之间潜在的关系，从而降低制定应急决策的不确定性。

建筑信息模型也可以作为模拟工具培养运维管理人员在紧急情况下的应急响应能力，并评估突发事件导致的损失。

12.4.1　本章难点总结

1.建筑工业化的基本内容

（1）建筑设计标准化；（2）构配件预制工厂化；（3）施工机械化；（4）组织管理科学化。

2.建筑工业化方法

（1）设计标准化方法：建成工业化建筑体系，统一建筑模数和参数，将各种建筑物进行分类，将使用要求大致相同的建筑构件、配件、设备、施工机械等制定统一规格，形成各类建筑物的设计方案。

（2）构配件生产工厂化方法：把墙、柱、梁、板、屋架等构件及门、窗、墙面等配件由专门工厂进行大批量生产，形成流水生产线。

（3）施工机械化方法：由建筑机械制造厂为施工现场提供各种安全可靠和效率高的机械，使制作、运输、吊装以及内外装修都能实现机械配套。

（4）组织管理科学化：采用现代化的管理方法和手段，对工程进度做统筹安排，认真检查计划执行情况，及时调整和协调，改善建筑工程管理工作。

3.建筑信息模型对建筑工业化的推动作用

（1）建筑信息模型对标准化设计的推动作用

建筑信息模型包含着所有的设计标准化成果，调用更方便、更准确。由于设计信息在整个设计，乃至建设过程中的传递和表达方式得到根本性的改进，应用建筑信息模型，使得标准化设计不再成为困难，唯一的问题是标准化的推广和实现。

（2）建筑信息模型推进实现构配件生产工厂化

设计和生产建立在同一个数据库之上，从设计到生产，信息实现了无损传递，便于形成设计生产一体化，也便于实现工业化建筑的通用建筑体系，更利于实现构配件生产工厂化。

（3）建筑信息模型推动建筑现场机械化施工

在施工过程中运用建筑信息模型管理，运用建筑信息模型编制施工方案并进行虚拟作业，制定并验证施工程序，在建筑信息模型程序控制下，完成自动化施工。

（4）建筑信息模型推动建筑工业化的组织管理科学化

组织管理科学化是建筑工业化发展的必然结果，在以建筑信息模型为主要特征的新型建筑工业化的管理模式下，参建各方以同一个数据库作为工作基础，加强了相互间的沟通、配合、协调、共进；EPC"五化一体"的组织管理方式所需要的条件正在逐步成熟。

4. EPC"五化一体"发展模式

EPC"五化一体"就是在设计—生产—施工一体化的前提下，发挥建筑信息模型平台的优势，推进设计标准化、生产工厂化、现场装配化、主体装饰机电一体化、全过程管理信息化的 EPC"五化一体"发展模式。

12.4.2 思考题

1. 简述建筑工业化的基本内容。

2. 简述建筑工业化方法。

3. 为什么说应用建筑信息模型，使得标准化设计不再成为困难。

4. 试分析建筑信息模型对建筑工业化的推动机理。

5. 简述 EPC"五化一体"发展模式。

6. 试讨论在 EPC"五化一体"发展模式下，参建各方的作用。

7. 结合课程案例，讨论建筑信息模型推动建筑工业化的要点。

第13章

碳中和建筑信息建模推动建筑智慧化升级

本章主要内容及逻辑关系如图 13-1 所示。

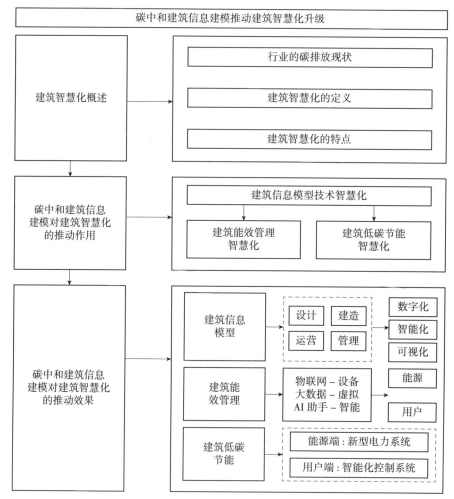

图 13-1　本章主要内容及逻辑关系

在过去的几十年里，中国的经济和社会实现了跨越式的发展，获得的成就举世瞩目，与之相伴的则是碳排放量的与日俱增。2020年9月，国家提出"双碳"目标：2030年实现碳达峰，2060年实现碳中和。两个目标的提出为各行业树立了新的标杆和发展方向，亦推动很多传统行业进行自我变革。

目前，我国经济发展已经进入高质量阶段，"双碳"目标势在必行。根据图13-2的2022年中国行业大类碳排放数据，我们可以明确发现，建筑行业作为国家支柱之一，其涉及范围皆是碳排放的重灾区。事实上，从全球来看，建筑碳排放占总排放量的40%以上，是实现"双碳"目标的关键部门。

建筑智慧化是指在建筑物内部和外部应用先进的智能技术，以提高建筑物的效率、便利性、舒适性和安全性。通过集成各种传感器、监控设备、网络连接和智能控制系统，使建筑能够自动化、智能化地运行，实现能源节约、环保、智能管理和智慧服务等目标。建筑智慧化还可以通过数据分析和决策支持系统，提供建筑管理者和用户更多的信息和智能化的决策支持，让建筑更加智能、高效和人性化。

从设计、建造到管理、运维，建筑行业的方方面面亟待革新，而正是这股革新动力，推动着建筑智慧化的迭代升级。与传统建筑相比，建筑智慧化有以下几个特点：

（1）绿色设计建造 设计阶段运用智能化手段采用再生材料、绿色屋顶、太阳能和风能等清洁能源等可持续性材料与技术，实现对环境的保护和碳排放的降低，建造阶段大数据计算管理资源分配，避免非必要的损失。

（2）全新技术应用 运用物联网、人工智能、大数据、云计算等，将传感器、控制器等设备结合起来构成智慧管理系统，实现对建筑的实时监测、控制和管理。

（3）低碳环保节能 通过智能化管理手段，实现对能源的最优化利用和节能降耗，达到环保节能的目的，同时从设备侧入手，双方面减少碳排放。

本章分别从建筑信息建模技术、能效管理和低碳节能等三方面入手，层次递进，剖析碳中和背景下的建筑智慧化升级。

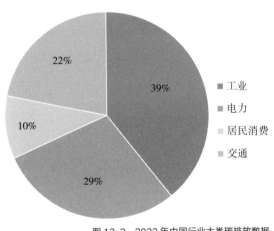

图13-2 2022年中国行业大类碳排放数据

图例：
■ 工业
■ 电力
■ 居民消费
■ 交通

自从"双碳"目标提出之后，从中央到地方便开始紧锣密鼓地进行有关规划，建筑行业在如何实现"双碳"目标的同时，如何不影响人民的生活居住品质，并满足社会经济发展不断增长的需求，是我国当前应对气候变化目标的一项重要议题。

建筑行业碳排放的来源比较复杂，需要综合考虑建筑物的整个生命周期，从材料生产和运输、建造过程、使用阶段到拆除和废弃物的处理等多个方面可划分为直接碳排放和间接碳排放两部分。直接碳排放是指使用化石燃料产生的 CO_2，间接碳排放则是指消耗电能、热能、材料等产生的 CO_2。

减少间接碳排放要从两个角度出发，一是用能需求优化：即设计阶段集成智能设备，规划低能耗电力系统，施工阶段合理安排材料使用策略，运行阶段注重智能调配资源投入；二是供能策略优化：将新能源发电与建筑结合起来，构建集光伏发电、储能、直流配电、柔性用电于一体的"光储直柔"建筑。

不管是从哪方面入手，现阶段传统的建筑行业急需切合新要求的技术手段来实现预期目标。建筑信息建模技术是一种数字化的建筑信息模型技术，它通过将建筑物所有相关的信息整合到一个共享的数据平台中，包括建筑设计、施工、操作和维护等方面，实现信息共享、协同工作和增强决策支持。建筑信息模型可帮助建筑师、工程师、施工人员和业主等多个参与者在整个项目周期中更加高效、精确地进行沟通、合作和决策，从而最大程度地降低项目成本、风险和错误，已经成为现代建筑设计、施工和运维的标准和趋势。

随着智慧化的兴起，越来越多的新技术融入建筑信息模型中，物联网、人工智能、5G、大数据分析、云边端协同等技术赋予了建筑信息模型多维度的能力。

13.2.1　建筑信息模型技术智慧化

建筑信息建模技术智慧化是将 BIM 技术与智慧化技术相结合，实现建筑项目全生命周期各阶段的信息集成、共享和应用，从而提升建筑设计、建造和管理的智能化水平。

（1）信息集成和共享　BIM 技术智慧化整合建筑项目各个阶段的信息数据，包括设计、施工、运营等，实现全生命周期信息的共享和管理。不同部门和团队可以基于相同的 BIM 模型进行协同工作，提高沟通和协作效率。

（2）智能化设计与优化　BIM 技术智慧化利用智能建模功能，可以进行参数化设计、自动化设计以及设计方案比较，在设计过程中进行智能化决策支持，快速生成多种设计方案，并进行综合评估优化，从而提高设计效率和质量。

（3）虚拟仿真与分析　结合 BIM 技术的虚拟仿真功能，可以进行各种仿真分析，如结构分析、能耗分析等。通过仿真模拟，可以提前发现潜在问题，优化设计，降低成本和风险。

（4）智能化施工管理　BIM 技术智慧化可以实现施工过程的智能化监控和管理。建立三维模型，可视化展示施工进度、资源分配和工艺流程，提高施工效率和质量。

（5）运营维护智慧化　BIM 技术智慧化在建筑交付后，可以利用智能化设备监控和数据分析功能，对建筑设施进行实时监测、预测维护，提高设施的运行效率和可靠性，延长设施的使用寿命。

（6）数据驱动决策　BIM 技术智慧化通过数据分析和可视化展示，支持建筑管理者和决策者更准确地获取建筑相关信息，为决策提供科学依据，优化建筑设计、施工和运行管理，推动业务创新和升级。

13.2.2　建筑能效管理智慧化

建筑能效管理智慧化是指利用现代信息技术，如物联网（IoT）、云计算、大数据、人工智能等，对建筑的能源消耗进行高效、智能的管理和优化。这种管理方式通过收集建筑内部的能源使用数据，分析能源消耗模式，然后利用智能算法和决策支持系统来提高能源效率，减少浪费，降低运行成本，并最终实现建筑的可持续发展。

1）建筑能效管理智慧化的核心要素

（1）数据采集与监测　通过安装在建筑内的各种传感器和监测设备，实时收集电力、热能、水和其他能源的使用数据。

（2）数据分析与优化　利用大数据分析和人工智能技术对收集到的能源数据进行分析，识别能源消耗的规律和异常，为能源管理提供依据。

（3）自动化控制与调整　根据分析结果，自动调整建筑内部的照明、供暖、空调、通风等系统的运行模式，以实现能源使用的最优配置。

（4）用户界面与交互　通过用户友好的界面，让建筑管理者能够轻松访问和理解能源使用数据，并提供交互工具，以便根据需要进行调整。

（5）预测性维护　利用历史数据和预测模型来预测建筑设备可能出现的故障，提前进行维护，减少能源浪费和维修成本。

（6）能源审计与报告　定期进行能源审计，评估建筑的能效表现，并提供详细的能源使用报告，帮助管理者做出更加明智的能源管理决策。

通过这些智慧化措施，建筑能效管理不仅能够提高能源效率，降低能源成本，还能减少对环境的影响，促进绿色建筑物可持续发展。

2）智慧能效管理系统介绍

智慧能效管理系统是一个对建筑能源进行监控、规划、管理的系统，系统对负荷进行分级管理、预测负荷可调节能力；智慧决策负荷调控方式，对用能各个环节和设备进行监测和提供智慧运维；基于云网边端的开放扁平化系统，采用智能物联网架构，使用大数据、云计算、人工智能、机器学习、远程运维、图像识别等技术，构建低碳建筑能源系统数据处理存储、边缘计算、反向控制、数据分析、策略优化、策略下发和能源预测调控等功能，进而通过用能策略的执行和控制、大数据挖掘建模和专家团队远程分析指导，实现能源控制、管理、运维一体化。

3）智慧能效管理系统的系统架构

（1）现场层　主要是指接入系统的各类电气设备及感知设备，负责完成采集、保护、执行功能。

（2）网络层　实现现场层与平台层的通信，完成数据的上传和下达功能，是进行信息交换和传递的数据链路。

（3）平台层　承载于智慧建筑综合业务云平台上，利用中台技术、大数据技术、物联网技术、人工智能技术、建筑信息模型技术等进行构建，采用扁平化部署模式并对上层提供支撑。

（4）应用层　即前台应用软件，数据库与硬件通过云平台实现关联，而数据库与应用软件通过中台实现关联。智慧能效管理系统的系统架构如图13-3所示。

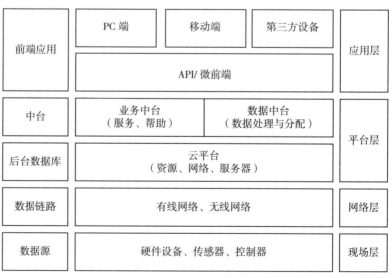

图13-3　智慧能效管理系统的系统架构

13.2.3　建筑低碳节能智慧化

建筑低碳节能智慧化是一种以低碳环保为目标，通过智能化技术和管理手段，实现建筑节能减排，降低碳排放，提高能源效率，减少浪费和环境污染的建筑运营和管理方式。这种智慧化方式有助于推动建筑行业的绿色发展，促进可持续发展。其核心要素包括：①能源管理智慧化，即通过智能化的能源管理系统，实时监测和控制建筑内的能源消耗，优化能源使用，减少浪费；②绿色建筑材料，即采用低碳环保的建筑材料，减少建筑物的碳足迹，降低建筑物的能源消耗；③智能化设备，即利用智能化设备和技术，如智能照明、智能空调、智能通风等，实现能源的高效利用和减少浪费；④能源审计与报告，即定期进行能源审计，评估建筑的节能表现，并提供详细的能源使用报告，帮助管理者做出更加明智的节能决策；⑤低碳运营管理，即通过智能化管理系统和数据分析工具，对建筑物的运营管理进行优化，实现建筑的低碳环保运营。

碳中和建筑信息模型能够为建筑设计师和工程师提供更加全面和精确的建筑设计方案。通过建模，设计师可以模拟建筑物的能源消耗和碳排放情况，了解不同设计方案对碳排放的影响，从而选择更加环保、节能的设计方案。这种建模方法可以帮助设计师在方案设计阶段就考虑到建筑物的能源效率和碳排放问题，进而减少后期运营阶段的碳排放。

（1）智能化的能效管理系统　通过收集和分析建筑物各方面的数据，能源管理系统实时监测和优化建筑物的能源消耗情况，减少能源浪费。智能化的能源管理系统利用先进的人工智能和大数据技术，分析建筑物在不同时间段、不同区域的能源需求和碳排放情况，进而制定更加科学、合理的能源管理方案。

（2）建筑信息模型低碳节能智慧化　优化建筑结构、采用环保材料等方式降低建筑物的碳排放。评估不同的设计方案对碳排放的影响，选择更加环保、节能的设计方案；通过建模实时监测和分析建筑物的碳排放情况，及时发现问题并采取措施进行调整，最大限度地减少碳排放；通过智能化管理提高建筑的运营效率和舒适性。

13.3.1　建筑信息模型技术智慧化效果

在当今以可持续发展为导向，"双碳"为目标的建筑行业中，建筑信息建模技术的智慧化应用正日益受到重视。这一技术将数字化、智能化和可视化相结合，为建筑设计、建造、运营和管理提供了全新的解决方案。借助它，行业能够更有效地应对日益严格的节能环保要求和不断提升的智能化程度的需求。相比于传统应用，建筑信息建模技术的智慧化无疑更上一层楼，带来了更多的便捷和更实用的功能，包括以下方面：

（1）提高工作效率　建筑信息模型技术的智能化应用可以实现建筑设计的自动化和智能化，大大减少了人工干预和错误的概率，从而提高了设计团队的工作效率和设计质量。

（2）提升建筑质量　智能化的建筑信息建模技术能够根据建筑设计方案自动生成精准的建筑三维模型，有助于设计方案进行优化和精细化调整、提升建筑设计的质量和可执行性。

（3）降低成本　利用建筑信息建模技术实现智能化设计和建造，可以减少对人工的依赖，提高设计和施工效率，从而降低项目成本。同时，从项目全生命周期角度考虑，建筑信息建模技术还可以帮助项目管理者在运营阶段节约能源和维护成本，进一步降低总成本。

（4）优化运营管理　建筑信息建模技术的智能化应用还可以在建筑物运营阶段发挥作用。通过实时监测和分析建筑物的能源消耗和运行情况，智能化建筑管理系统能够制定最佳的运营方案，提高能源利用效率，降低运营成本，实现智慧化的建筑运营。

（5）增强安全性能　建筑信息建模技术还可通过对建筑物的结构和性能进行模拟和分析，发现潜在安全隐患，评估建筑物在紧急情况下的应对能力，提升建筑物的整体安全性能。

13.3.2　建筑能效管理智慧化效果

智慧能效管理系统运用 5G 网络、物联网、人工智能、云计算、智能感知等多领域、多学科技术，构建能源的分配、检测和控制一体化平台，实现建筑的低碳甚至零碳排放。

物联网技术在智慧能效管理系统中应用于现场层，其借助多种智能检测装置采集电力设备数据，实现设备间的互联互通，并将数据上传到云端，从而达到能源的精细化管理和多方位优化。从架构上面可以分为感知层、网络层和应用层，即：①感知层负责信息采集和物—物间的信息传输，是物联网中的关键技术；②网络层利用无线和有线网络对采集的数据进行编码、认证和传输；③应用层提供丰富的基于物联网的应用，是物联网发展的根本目标。

大数据分析技术是智慧能效管理系统针对物联网数据进行处理，从海量信息中找寻有价值模型的技术，是系统进行负荷建模、负荷预测、状态评估、故障定位、安全分析、态势感知等功能的基础技术。

人工智能技术能够对大量的能源数据进行高效的处理、分析和预测，从而帮助更准确地发现能源消耗的潜在问题，制定相应的优化策略，并通过自动化控制系统实现能源消耗的精细化管理。

随着万物互联时代的到来，计算需求出现爆发式增长，传统云计算架构无法满足这种爆发式的海量数据计算需求，所以将云计算的能力下沉到边缘侧、设备侧，并通过中心进行统一交付、运维、管控，这将是未来的发展趋势。云计算的系统架构对比如图 13-4 所示。

依托于上述各种技术，智慧建筑能效管理系统为碳中和注入全新动力，有以下几个方面：

（1）能源消耗的实时监测与管理优化　通过安装在建筑物各个部位的传感器，可以实时监测建筑物内外的温度、湿度、光照等数据，并将这些数据传输到物联网平台上。物联网平台则能够对这些数据进行实时处理和分析，提供相应的能源管理方案和改进建议，这有助于及时发现和解决能源浪费问题，进而达到节能的效果。

（2）提高能源使用效率　智慧建筑能效管理系统不仅可以实时监测能源

云端

云端

边缘端

应用端
（a）传统云计算

应用端
（b）云边端协同

图13-4 云计算的系统架构对比

消耗，还能根据建筑物的实际情况调整设备的工作状态，通过 AI 海量数据学习，进一步提高能源使用效率。

（3）增强使用者舒适度　在保持效率的同时，建筑能效管理智慧化还能关注使用者的舒适度。通过物联网传感器收集的数据，大数据可以分析节能技术如何影响使用者的舒适度，从而调整管理策略，确保在满足使用者需求的同时达到节能目标。

（4）促进可持续发展　建筑能效管理智慧化有助于减少对环境的影响，提高建筑行业的可持续发展水平。通过优化能源结构、提高能源利用效率等措施，可以有效降低建筑物的碳排放和能耗，为应对全球气候变化和推动绿色发展做出贡献。

13.3.3　建筑低碳节能智慧化效果

随着科技的不断发展，智慧化建筑已经成为未来建筑的发展趋势。通过将物联网、大数据、人工智能等技术应用于建筑领域，可以实现建筑的低碳节能，提升管理效率，改善用户体验，提升经济效益。

1）提升能源效率

智慧化建筑通过集成先进的监测、控制和分析技术，实现了能源效率的全面提升。通过部署广泛的传感器网络，建筑能够实时监控能源消耗情况，包括电力、热水、供暖等，这不仅帮助管理者获得了详细的能源使用数据，而且还揭示了潜在的能源浪费点。这些数据经过分析后，可以指导智能化的控制系统自动调整建筑内部的能源设备，如照明、温控系统等，以适应室内外环境变化和用户需求。这种自适应性不仅提高了居住和工作的舒适度，而且实现了能源使用的精细化管理，避免了不必要的能源浪费。

此外，智慧化建筑还能够通过优化能源配置，比如使用高效节能设备和能源回收系统，进一步提高能源转换效率，减少能源消耗。例如，热回收通风系统能够回收废热，为供暖或制冷提供能量，从而降低对传统能源的依赖。集中管理的能源管理系统为建筑提供了能源使用的全面视角，允许管理者对所有能源使用进行统一调度和优化。这种集中管理还能够响应能源市场价格的变化，自动调整能源使用策略，以实现成本效益最大化。

2）降低碳排放

建筑低碳节能智慧化的实现可采用一系列的综合措施，例如智慧化建筑优先使用清洁能源，如太阳能、风能等，这些能源在使用过程中不会产生 CO_2 排放，从而减少建筑的整体碳排放。另外，智慧化建筑还有一个特点就是注重废弃物回收和处理，通过智能化的废弃物管理系统，减少垃圾的填埋和焚烧，这些活动是碳排放的重要来源，通过分类回收和资源再利用，减少废弃物对环境的影响。此外，智慧化建筑的运营管理系统可以实时监控建筑的能源使用和碳排放，通过数据分析优化运营策略，并给予管理人员恰当的建议。通过这些综合措施，智慧化建筑能够显著减少碳排放，有助于实现建筑的碳中和目标，推动可持续发展。

3）改善用户体验

通过提供用户友好的界面和应用程序，智慧化的建筑使得用户能够更加方便地控制和管理建筑内的设备和环境条件。例如，用户可以随时随地通过手机或电脑访问这些应用程序，控制照明、温度、音乐等设备，提供更加舒适和个性化的居住或工作环境；用户可以实时查看自己的能源消耗数据，了解节能机会并据此调整自己的行为，这不仅可以提高能源使用的透明度，还可以鼓励用户更加注重能源管理和节约。

智慧化的设施管理系统可以提前发现并解决设备故障，减少维修成本和停机时间，这不仅能提高建筑的运行效率，还能提供更加稳定和可靠的服务。

智慧化的家居系统，提供更加智能化的生活服务。例如，用户可以通过应用程序控制家中的电器设备，实现自动化和智能化的生活服务，这不仅可以提高生活的便利性，还可以为用户节省时间和精力。

13.4.1　本章难点总结

　　本章主要讲了建筑智慧化和建筑信息建模对建筑智慧化升级的推动作用。介绍了建筑智慧化的概述和特点，讨论了建筑智慧化在建筑设计、能效管理和低碳节能方面的重要性，并提到了建筑智慧化所涉及的关键技术。同时也对建筑智慧化的挑战和发展方向进行了必要的说明。

13.4.2　思考题

　　1. 智慧能效管理系统的系统架构是什么？

　　2. 为提高建筑智慧化升级列举几个常见的智能电气设备，并结合应用案例，说明其应用实现过程。

第14章

碳中和建筑信息建模推动建筑碳交易提质

本章主要内容及逻辑关系如图 14-1 所示。

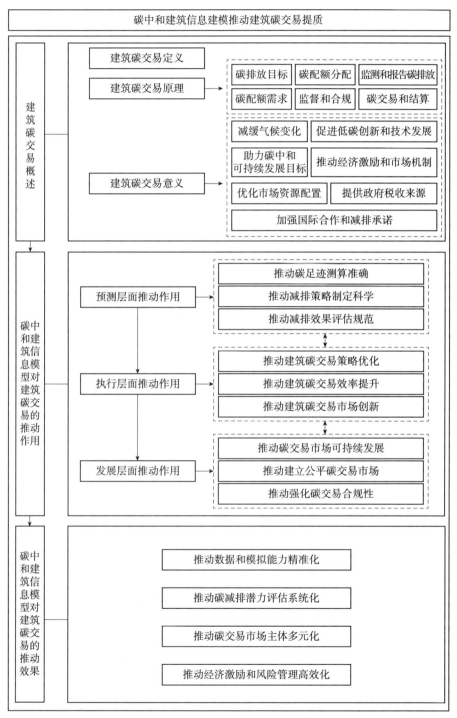

图 14-1　本章主要内容及逻辑关系

为了实现碳中和目标，世界主要国家进一步构建了相应的保障机制与激励措施，如碳排放权交易体系、灵活的全球碳定价机制、碳税机制等。据世界银行预测，全球碳交易市场有望超过石油市场，成为全球第一大交易市场。

其中，建筑碳交易是指在建筑行业中进行的碳排放权（或碳配额）的买卖和交易活动。建筑碳交易涉及建筑项目或组织根据其碳排放情况，购买或销售碳排放权（也称为碳配额、碳凭证或碳信用）。碳排放权代表建筑项目或组织被允许排放的特定数量的温室气体，通常以吨 CO_2 当量（tCO_2e）为单位。

建筑碳交易是一种碳市场机制，旨在减少建筑行业在全球温室气体排中的占比。建筑行业是全球温室气体排放的重要来源之一，包括建筑物的施工、运营和拆除过程中产生的能源消耗、废弃物处理以及材料生产等。通过建筑碳交易，政府或监管机构可以设定建筑行业的碳排放限额，并将这些限额分配给建筑业从业者或机构。建筑业从业者在执行施工和运营项目时需要持有足够的碳排放配额，如果超出配额则需要购买额外的配额，而如果排放低于配额则可以将多余的配额出售给其他单位或机构。

1）建筑碳交易原理

建筑碳交易的基本原理是建立一个可以买卖碳排放配额的市场，使建筑产业能够在减少温室气体排放的过程中获得经济激励。建筑碳交易的原理可以概括为以下几个步骤和基本原则：

（1）碳排放目标　建筑项目或组织首先需要确定自身的碳排放目标。这可以减少特定百分比的碳排放量，达到碳中和或遵守政府设定的碳排放限制。

（2）碳配额分配　根据国家或地区的政策和法规，建筑项目或组织将被分配一定数量的碳排放权，也称为碳配额。这些碳配额代表了允许该项目或组织在一定时期内排放的特定数量的温室气体。

（3）监测和报告碳排放　建筑项目或组织需要进行碳排放的监测和报告。这涉及收集和记录与建筑相关的能源消耗、材料使用和其他活动，以计算其碳排放量。

（4）碳配额需求　根据建筑项目或组织的碳排放情况，确定是否有额外的碳配额需求或未使用的碳配额可供出售。如果碳排放超过了分配的碳配额，建筑项目或组织则需要购买额外的碳配额以弥补超出的排放量。相反，如果碳排放低于分配的碳配额，建筑项目或组织可以将未使用的碳配额出售给其他需要的实体。

（5）碳交易和结算　建筑项目或组织可以通过碳市场、碳交易平台或与其他实体达成双边协议进行碳交易。购买方将支付一定费用以获得额外的碳配额，而卖方将通过出售未使用的碳配额获得经济回报。

（6）监管和合规　建筑项目或组织需要遵守相关的监管和合规要求。这可能包括定期报告碳排放数据、接受审计和验证，以确保其参与碳交易的准确性和合法性。

基于以上原理，建筑碳交易通过经济激励的方式促使建筑项目或组织减少碳排放并采取低碳措施。它鼓励创新和可持续发展，推动建筑行业向更环保和低碳的方向转变。具体的操作和实施方式会因国家或地区的政策、法规和市场情况而有所不同。

2）建筑碳交易意义

建筑碳交易是指通过市场机制对建筑行业中产生的碳排放进行交易，以达到减少碳排放、促进低碳发展的目的。这种交易系统通过对碳排放进行定价，为企业提供了经济激励，推动其采取减排措施，从而减缓气候变化、保护环境、实现可持续发展。

建筑碳交易通过经济激励促进碳减排、推动可持续发展，同时也有助于技术创新和知识共享，对应对气候变化和可持续发展目标具有重要意义。

（1）减缓气候变化　建筑碳交易是应对气候变化的重要工具之一。建筑行业是全球温室气体排放的主要来源之一，通过碳交易，建筑项目和组织被激励减少碳排放。这有助于减缓全球变暖的速度，降低气候变化对人类和生态系统的负面影响。

（2）促进低碳创新和技术发展　建筑碳交易鼓励建筑从业者采取低碳技术和创新措施，以减少碳排放。为了降低碳交易成本或获得经济回报，建筑从业者将寻求提高能源效率，采用可再生能源，改进建筑材料和设计等。这促进了低碳技术和解决方案的研发和应用，推动建筑行业向可持续的方向转变。

（3）推动经济激励和市场机制　碳交易为建筑项目和组织提供了经济激励，通过减少碳排放来降低碳交易成本或获得经济回报。这激励建筑从业者采取减排措施，促进碳中和与可持续发展。碳交易市场也为碳减排项目提供了商机和投资机会，推动低碳经济的发展。

（4）助力碳中和可持续发展目标　建筑碳交易有助于建筑项目和组织实现碳中和目标。通过购买碳配额或参与碳抵消项目，建筑从业者可以抵消其碳排放，达到净零排放或碳中和的目标。这有助于推动建筑业向可持续的方向发展，为未来的可持续城市和社区建设做出贡献。

（5）加强国际合作和减排承诺　建筑碳交易也是国际合作和减排承诺的一种体现。各国可以通过建立碳交易机制，促使建筑从业者参与减排行动，履行国际减排承诺。碳交易也为国际碳市场和碳减排项目的合作提供了机会，为全球合作、共同应对气候变化做出努力。

（6）优化市场资源配置　建筑碳交易通过市场机制实现了资源的优化配置，推动了低碳技术的创新，提高了能源利用效率，促进了绿色建筑的发展，实现了经济效益和社会效益的双赢。通过价格信号和市场调控，碳交易有效引导资源流向高效低碳领域，优化了整体资源配置。同时，碳交易还促进了区域协同和行业协作，共同推动建筑行业向低碳和可持续方向发展。

（7）提供政府税收来源　建筑碳交易为政府提供了一种新的税收收入来源。通过对碳排放权交易征税，政府可以获得稳定的资金来源。这些资金可以直接投入到生态保护和污染治理等环保项目中，如森林保护、湿地恢复和大气、水、土壤污染治理等。碳交易还可以促进绿色金融和投资的发展。政府可以设立绿色基金，支持低碳项目融资，吸引更多社会资本投入环保和低碳产业。通过绿色金融工具的运用，企业可以获得更多的资金支持，用于绿色技术和项目的开发与实施，从而推动低碳经济的快速发展。

碳中和建筑信息模型在多个流程中对建筑碳交易起到推动作用。首先，碳中和建筑信息模型可以帮助建筑行业跟踪和管理碳排放，通过数据收集和分析，识别高碳排放环节并制定减排策略。其次，碳中和建筑信息建模技术促进了可持续设计和建筑实践，通过提供相关数据和指导，推动低碳材料、节能技术和绿色建筑标准的使用。此外，碳中和建筑信息建模技术鼓励供应链的可持续发展，通过评估供应商的碳足迹和环境合规性，推动选择环保供应商和循环经济原则。最后，该技术促进了碳交易和碳市场的发展，鼓励建筑企业采取减排措施并参与碳配额交易，为碳减排提供经济激励。

14.2.1 建筑碳交易效果预测层面推动作用

（1）推动碳足迹测算准确　建立碳中和建筑信息模型可以帮助建筑从业者准确测算建筑项目或组织的碳足迹，即其所产生的温室气体排放量。这为建筑业者提供了了解其排放水平和主要排放源的基础数据，有助于确定减排的重点和目标。

具体而言，碳中和建筑信息建模有助于整合建筑项目或组织的各种数据，包括建筑能源消耗、材料使用、运输、废弃物管理和其他碳排放相关数据，确保了数据的全面性和准确性。碳中和建筑信息模型采用全生命周期分析方法，考虑建筑的整个生命周期，包括生产、运输、建造、运行、拆除。这有助于捕捉所有可能的碳排放来源。另外，碳中和建筑信息模型可以将建筑分解为更小的单元，例如建筑元素、区域和活动。这有助于更准确地识别碳排放热点和采取有针对性的减排措施。通过整合实时监测数据，模型能够提供准确的实时信息，以及对建筑项目或组织的当前碳排放情况的更新。最后，碳中和建筑信息模型的结果可以接受第三方验证和认证，以确保数据的准确性和透明性。有助于生成清晰、透明的碳足迹报告，这些报告可以与利益相关者分享，提高他们的信任和接受度。

通过建立碳中和建筑信息模型，建筑从业者可以更好地了解其碳排放情况，并采取措施降低碳足迹。这有助于推动全面、准确的碳足迹测算，更好地服务于可持续建筑和碳中和目标。

（2）推动减排策略制定科学　建立碳中和建筑信息模型提供的数据和分析结果，为减排策略的制定提供基础，帮助建筑从业者识别和评估减排的潜在机会和措施。这可能包括改进建筑设计、采用能源效率措施、使用低碳材料、推广可再生能源等。

首先，碳中和建筑信息模型有助于全面了解排放来源，包括生产、运输、建造、运行、拆除，以及与建筑相关的能源、材料、运输和废物排放，推动建立更全面的减排战略。其次，在排放识别和分析方面，碳中和建筑信息模型可以帮助识别和分析碳排放热点，即哪些部分或活动产生最大的碳排放。这为制定有针对性的减排策略提供了基础。另外，碳中和建筑信息模型可以模拟减排措施，模拟不同减排措施的效果，包括改进建筑设计、提高能源效率、采用可再生能源、改进废物管理等，以评估不同减排策略。还可以进行减排措施的成本效益方面的评估，以确定哪些策略将提供最大的减排效果并具有经济可行性。最后，碳中和建筑信息模型可以建立用于跟踪和监测减排进展的系统。这有助于确保实施的减排策略能够达到预期的效果，并在需要时进行调整，提供实时决策支持，基于实时数据调整减排策略应对灵活变化的情况。

通过建立碳中和建筑信息模型，建筑从业者能够更科学、更准确地制定减排策略，以降低碳排放，提高可持续性，并实现碳中和目标。

（3）推动减排效果评估规范　碳中和建筑信息模型可以对减排措施的效果进行评估和监测。建筑从业者可以通过比较建筑项目在实施减排措施前后的碳足迹变化来评估其减排成效，确定是否达到预期的减排目标。

首先，碳中和建筑信息模型可以基于国际标准来建立明确的减排目标和标准，使得减排效果的评估更具规范性。同时，碳中和建筑信息模型能够通过建立一致的数据收集和分析方法，确保在减排效果评估中使用的数据具有一致性，可比性和可信度。其次，在基准设定方面，碳中和建筑信息模型有助于建立碳排放数据的基线，作为评估减排效果的对比依据。最后，碳中和建筑信息模型的结果可以接受外部审核，以验证数据的准确性和评估的规范性，这有助于增加可信度。还可以帮助生成透明的减排效果报告，包括详细的方法、数据来源和结果的解释，以满足透明度和规范性的要求。

通过建立碳中和建筑信息模型，建筑项目或组织可以更有序、规范和可信地进行减排效果评估，从而更好地推动可持续建筑和碳中和实践，实现减排目标并满足法规和利益相关者的期望。

14.2.2　建筑碳交易执行层面推动作用

（1）推动建筑碳交易策略优化　碳中和建筑信息模型提供了决策支持工具，帮助建筑业主和开发商评估是否参与碳交易以及如何最大化碳交易的效益。

通过模拟不同的交易策略和方案，可以分析和预测碳交易对建筑项目的影响，包括碳交易成本、收益、风险等。这有助于决策者做出合理的碳交易决策。可以生成碳交易报告，用于向相关利益相关者和监管机构报告建筑的碳交易情况，这些报告包括建筑的碳排放数据、交易额度、交易记录和碳中和的进展等信息。通过碳中和建筑信息模型生成的报告，建筑业主可以展示其在碳交易中的参与和贡献，增强透明度和可信度。

（2）推动建筑碳交易效率提升　碳中和建筑信息模型提供了一个集成的平台，用于管理和跟踪建筑的碳交易活动。它可以记录和监测建筑的碳交易额度、交易记录、转移和注销等操作。通过碳中和建筑信息模型，建筑业主和开发商可以更好地管理碳交易过程，确保交易的准确性和合规性。

（3）推动建筑碳交易市场创新　碳中和建筑信息模型结合碳排放计算方法，可以提供更准确和全面的建筑碳排放测算。这种精确的测算能力为碳交易市场提供了更可靠的基础数据支撑，使交易更具准确性和有效性。

通过碳中和建筑信息模型的决策支持功能，参与碳交易的建筑业主和开发商可以优化其碳交易策略，最大化碳交易的效益和回报。基于碳中和建筑信息模型的分析结果和建筑项目的特点，碳交易市场可以探索和引入更多创新的碳交易产品，如碳中和债券、碳交易期权等，以满足不同参与者的需求。通过对建筑信息模型的跟踪和监测，碳中和建筑信息模型可以提供可靠的数据和证据，验证建筑项目的碳中和成果。这有助于确保碳交易市场的可靠性和透明度，促进碳交易的发展和信任。

碳中和建筑信息模型提供了集成的数据管理和跟踪功能，可用于记录和管理碳交易的数据和记录。这有助于建立完整的碳交易数据体系，为市场参与者提供更好的数据可视化和分析工具，促进碳交易市场的创新和发展。

14.2.3　建筑碳交易发展层面推动作用

碳中和建筑信息建模技术为建筑业者提供了经济激励和可持续发展的机会，推动整体碳交易市场的可持续性。

（1）推动碳交易市场可持续发展　碳中和建筑信息模型提供详细的碳排放数据，如前文所述的碳足迹和减排措施效果。这种透明性使得投资者能够更全面地评估建筑项目或组织的可持续性，使建筑项目或组织提高其在碳交易市场中的投资吸引力，吸引更多资金流入碳中和减排项目，推动市场的可持续发展。此外，碳中和建筑信息模型技术在促进碳交易市场透明度和公信力方面也发挥了关键作用。详细的数据和透明的报告体系使得市场监管更加有效，减少了数据造假和违规行为的可能性，确保市场的公平性和公正性。这不仅保护了投资者的利益，也为碳交易市场的长期健康发展提供了保障。

（2）推动建立公平碳交易市场　碳中和建筑信息模型可以帮助建筑项目或组织明确其碳资产定价，例如碳减排项目的减排潜力或碳中和措施的经济效益。这有助于建立公平的市场价格，从而促进可持续的碳交易市场。碳中和建筑信息模型的建立还可以鼓励建筑从业者积极参与碳市场，购买和销售碳排放配额。积极的市场参与可促进碳交易市场的流动性和增长。生成的碳中和证书，可以证明建筑项目或组织的碳中和措施，也可以在碳交易市场中交易，为碳中和措施提供经济激励。

（3）推动强化碳交易合规性　碳中和建筑信息模型在强化碳交易合规性方面具有显著的作用。通过精确的数据记录和实时监测，能够详细计算建筑生命周期各阶段的碳排放量，从设计、施工到运营和拆除。这种精确的数据管理确保了建筑项目或组织能够准确报告其碳足迹，符合国际和地区的碳排放法规，例如欧洲的《能源性能建筑指令》（EPBD）和美国的《绿色建筑认证体系》（LEED）。通过标准化的数据格式和透明的报告系统，促进了碳排放信息的透明性和一致性。透明的碳排放报告不仅增加了市场参与者之间的信任，还为监管机构提供了可靠的数据，便于其进行有效的市场监控和合规性检查，这种透明性和一致性有助于建立一个公平和高效的碳交易市场。

碳中和建筑信息建模技术对建筑碳交易的推动效果是多方面的，碳中和建筑信息建模技术通过提供准确的数据、支持碳减排和创新，增强了建筑业参与碳市场的能力，从而推动了建筑碳交易的发展。

14.3.1　推动数据和模拟能力精准化

传统上，建筑的碳排放数据常常依赖于估算和一般性的统计数据，这种方法存在着不确定性和精度不高的问题。随着技术的进步和碳中和建筑信息建模系统的引入，建筑从业者和管理者现在可以通过实时数据采集和高级模拟分析，实现对建筑碳排放的精确测量和监控。这种精准化的能力使得建筑碳资产的评估更加准确和可靠。投资者和市场参与者能够更精确地评估建筑物的碳减排潜力和实际效果，从而更有信心地进行碳交易。这种精确度不仅提升了市场的透明度，还为市场的健康发展和长期稳定性奠定了基础。

精准化的数据和模拟能力为建筑从业者提供了关键的战略工具。通过对实时能源使用和碳排放数据的详细分析，建筑从业者可以识别出最具影响力的减排措施和投资优先级。例如，模型可以精确预测不同节能设备和技术的效果，帮助从业者进行理性和经济上合理的投资决策。这种精准化的数据驱动决策不仅有助于降低碳减排成本，还能够提升建筑运营效率和可持续性。

另外，在监管和政策制定方面，精准化的数据和模拟能力也发挥了重要作用。监管机构可以利用这些数据来制定更为精准和有效的碳政策、监控建筑行业的碳减排进展，并对市场参与者的减排行为进行监督和奖惩。这种数据的实时性和准确性，使得政府能够更好地实现碳减排目标，并向市场发出明确的信号，推动建筑行业朝着更加环保和可持续的方向发展。

14.3.2　推动碳减排潜力评估系统化

随着碳中和建筑信息建模技术的引入，建筑从业者和管理者现在可以利用标准化的数据收集和分析框架，更科学地量化和评估不同建筑的减排潜力，有效改变过往依赖于经验和行业标准、缺乏系统性和客观性的情况。

这种系统化的评估方法为建筑从业者提供了明确的减排目标和路径。通过模拟不同的减排策略和技术应用，从业者可以比较各种选择的成本效益，选择最适合其需求和条件的减排措施。这种有据可依的评估结果不仅有助于优化资源配置，还能够提高减排措施的实施成功率和长期效果。

系统化的碳减排潜力评估还为政府和监管机构提供了重要的政策制定依据。基于客观和标准化的数据分析，政府可以更准确地制定和调整碳减排政策，促进建筑行业向低碳发展的加速。这种科学化的评估框架有助于建立稳定和可持续的碳交易市场，为市场参与者提供更清晰和稳定的发展预期。

在碳交易市场中，系统化的碳减排潜力评估也推动了市场的发展和成熟。投资者和碳市场参与者可以基于科学和客观的数据评估，更准确地评估建筑碳资产的价值和市场潜力。这种信息的透明度和可靠性，为市场的健康运行和长期发展提供了坚实的基础。

14.3.3　推动碳交易市场主体多元化

碳中和建筑信息建模技术的广泛应用促进了碳交易市场主体的多元化发展。传统上，碳交易市场主要集中在大型工业企业和能源公司，建筑行业的参与相对较少且不够活跃。然而，随着碳中和建筑信息建模技术的推广，越来越多的建筑从业者、开发者和管理者参与到碳交易市场中来。

建筑行业的参与丰富了碳交易市场的参与者组成，增加了市场的多样性和灵活性。不同类型的市场参与者带来了各自的专业知识、市场策略和技术创新，推动了碳市场内部规则和机制的进一步完善和优化。例如，建筑从业者和开发者通过引入更多的低碳技术和策略，不仅能够降低运营成本，还能够获得碳市场中的竞争优势和额外收益。

这种市场主体的多元化不仅促进了碳市场的活跃程度和市场流动性，还加速了碳减排技术在建筑行业的应用和推广。不同类型市场参与者的加入，为碳交易市场带来了更多的创新和竞争力，推动了市场向更加成熟和稳定的方向发展。

在全球碳减排目标日益紧迫的背景下，建筑行业的参与对于实现全球碳减排目标具有重要意义。建筑行业是全球碳排放的重要来源，其减排潜力巨大且具有可优化性。通过推动碳交易市场主体的多元化，碳中和建筑信息建模技术为建筑行业提供了实现碳中和目标和参与碳市场的有效途径，为全球碳减排事业贡献了积极的力量。

14.3.4　推动经济激励和风险管理高效化

碳中和建筑信息建模技术推动了碳交易市场中经济激励和风险管理的高效化。在传统的碳交易市场中，建筑行业对于碳减排投资的经济回报和风险评估常常缺乏明确的依据和系统的分析方法。然而，随着碳中和建筑信息建模技术的应用，建筑从业者和投资者可以更精确地评估和管理碳减排项目的成本效益和风险水平。

精准化的经济激励分析是碳中和建筑信息建模技术的一个重要特点。通过对实时能源使用和碳排放数据的详细分析，建筑从业者可以量化不同减排策略和技术应用的经济效益，从而为投资决策提供客观依据。这种经济激励分析不仅有助于降低碳减排项目的资金成本，还能够提升项目的市场竞争力和长期盈利能力。

在风险管理方面，碳中和建筑信息建模技术提供了全面的风险评估工具。通过分析技术成熟度、市场竞争环境和政策变化等因素，建筑从业者能够更好地识别和应对潜在的风险，从而减少减排项目的执行风险和不确定性。这种高效的风险管理能力不仅有助于提高建筑行业对碳减排项目的投资信心，还有助于市场的稳定和可持续发展。

14.4.1 本章难点总结

1. 数据管理和一致性

碳中和建筑信息模型要求对大量的建筑数据进行管理和分析,确保数据的准确性、一致性和完整性是其中的重点和难点。

其主要措施包括:标准化数据输入、数据验证和校对、数据源管理、数据更新和维护、数据集成和共享、数据审核和验证、数据质量监控,通过综合运用以上措施,可以有效确保建筑数据的准确性、一致性和完整性。这需要建立规范的数据管理流程和质量控制机制,并与相关的利益相关者进行紧密合作和沟通,共同维护和提升数据质量。

2. 复杂性和综合性

碳中和建筑信息模型涉及建筑设计、能源管理、碳市场等多个领域的知识和技能,需要综合运用这些知识来制定和实施碳减排策略。

可以综合运用跨学科的团队合作、数据驱动的分析、综合评估方法和系统思维等,同时要与利益相关者进行充分的合作和沟通,来处理复杂性和综合性的挑战,以实现碳减排目标。

3. 经济可行性和投资回报

在碳中和建筑信息模型推动碳交易的过程中,经济可行性和投资回报是需要考虑的因素。如何确定碳减排策略的经济效益、评估碳交易的成本和利益是其中的重点和难点。

综合分析成本效益、采取长期投资视角、制定财务激励措施、探索新的商业模式、风险管理等方法,并与利益相关者进行合作和沟通,可以更好地应对碳中和建筑信息模型中的经济可行性和投资回报难题,以实现经济可行的碳减排策略。

14.4.2 思考题

1. 建筑碳交易的核心是准确计量和验证碳排放量,碳中和建筑信息模型在计量准确性方面有何优势?

2. 如何将现有的建筑能源效率提高、可再生能源应用、碳捕获和储存技术等碳减排技术和策略与碳中和建筑信息模型结合应用?

3. 思考碳中和建筑信息模型在各个应用阶段可能面临的挑战,以及如何应对这些挑战?

第 15 章

碳中和建筑信息建模推动可持续发展

本章主要内容及逻辑关系如图 15-1 所示。

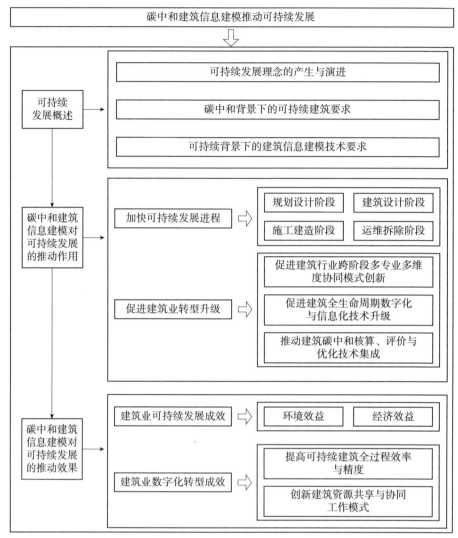

图 15-1　本章主要内容及逻辑关系

15.1.1　可持续发展理念的产生与演进

20 世纪 60 年代，随着全球生态运动的兴起，对于重视经济发展与自然资源关系的呼声日益高涨，可持续发展理念也在相关讨论的更新中逐步萌芽、形成与演进。1962 年，雷切尔·卡逊（Rachel Carson）在《寂静的春天》一书中揭示了近代污染对生态的深刻影响，并呼吁人们重视人类活动在其中起到的不可忽视的作用。1972 年，在斯德哥尔摩举办的联合国人类环境会议中深入探讨了环境的重要性问题，并发布了《只有一个地球》和《联合国人类环境宣言》，指出人们对生态系统的不当行为会导致环保问题，人类自身所拥有的生物环境圈与其创造的科技圈之间已失去平衡。宣言强调了重塑地球秩序与珍视自然资源的重要性，以及合理、持久的均衡发展理念。同年，罗马俱乐部（the Club of Rome）在《增长的极限》一文中揭示了经济快速发展对环境与资源的破坏作用，并指出资源的有效利用对于保护生态平衡至关重要。1978 年，联合国环境规划署正式提出"生态发展"这一概念，标志着一个新时代的开始。

1983 年，联合国宣布建立世界环境与发展委员会（World Commission on Environment and Development，WCED），成为可持续发展进程中的重要标志与里程碑。1987 年，该委员会出版《我们共同的未来》研究报告，将可持续发展定义为："既能满足当代人的需要，又不对后代人满足其需要的能力构成危害的发展"，首次将"可持续性"和"可持续发展"的理念应用于环境与发展。该定义包括了需要与限制的两重概念，即应将人们的基本需要放在优先地位来考虑，同时又要兼顾技术和社会对环境满足需要的能力施加的限制。

此后，国际社会的焦点由仅局限于解决当前的环境挑战，转向更加强调环境保护和可持续发展之间的关系。1992 年 6 月，联合国在里约热内卢召开的环境与发展大会（United Nations Conference on Environment and Development，UNCED），并通过《里约环境与发展宣言》（又名《地球宪章》）和《21 世纪议程》两项纲领性文件，各国政府代表签署了联合国《气候变化框架公约》，可持续发展得到世界最广泛和最高级别的政治承诺。随后，我国政府编制了《中国 21 世纪人口、环境与发展白皮书》，首次把包括社会、生态与经济可持续发展三重含义在内的可持续发展战略确定为我国"现代化建设中必须实施"的战略。

2012 年 6 月，联合国再次在里约召开世界可持续发展首脑会议，围绕可持续发展目标统筹协调经济社会环境因素，坚持"共同但有区别的责任"原则。"里约 +20"会议提出绿色经济可以作为可持续发展整合发展与环境矛盾的重要抓手，同时，提出全球合作治理来整合经济、社会、环境三者之间的冲突。2015 年，联合国通过《2030 年可持续发展议程》，提出了涵盖经济、社会、环境、技术和文化的 17 项可持续发展目标（SDGs），强调综合发展需求和多元化参与主体。该议程通过细化具体指标和子目标，推进落实可持续的监测和实现。2015 年 12 月 12 日，《联合国气候变化框架公约》于第 21 次缔约方会议上获得通过，《巴黎协定》为实现全球可持续发展目标提供了重要的法律和政策框架，推动了跨国界合作。"十四五"时期，我国已开启全面建设社会主义现代化国家新征程，加速发展方式绿色转型、促进资源高效利用和循环利用，以推动实现经济绿色增长和气候目标。

可持续发展以公平性、持续性、共同性为三大基本原则，最终目的是达到共同、协调、公平、高效与多维的发展。具体来说，可持续发展的公平性原则体现在本代人之间的公平、代际间的公平和资源分配与利用的公平，因此是一种机会、利益均等的发展；持续性原则体现在人类经济和社会的发展不能超越资源和环境的承载能力，即在满足需要的同时必须有限制因素，特别是对自然资源与环境的限制；共同性原则体现在虽然各国的发展模式存在差异，但公平性和持续性原则及其所要达到的目标是全人类所共同的，需要将人类的局部利益与整体利益相结合。可持续发展理论的践行和实现需要从宏观层面统筹考虑，以实现经济、社会、生态的均衡发展，从而达到人类的全面进步。随着时代的进步，其概念仍在向复合化、更富有创新性和挑战性的方向不断演进，从而引领社会与经济持续进步。

15.1.2　碳中和背景下的可持续建筑要求

纵观人类的发展历史，建筑活动在其中起到举足轻重的作用，通过全面的资源配置与跨学科的协同配合，清晰反映着人、自然与社会三者之间的关系。自 20 世纪六七十年代起，在应对全球性的能源和环境气候危机的过程中，建筑可持续发展的重要性越来越受到重视，建筑领域随之衍生出一系列节能减排的相关概念，如生态建筑、节能建筑、绿色建筑、可持续建筑、低碳建筑、零碳建筑等，旨在从不同内涵与范围，研究建筑如何应对全球性的能源和环境气候危机。

鲍罗·索勒里（Polo Soleri）于 1962 年所提出的生态建筑学理论，旨在把生态学和建筑学有效地融入建筑设计中，使建筑与生态系统相适应，构建一个健康、有序的设计体系。20 世纪 70 年代提出的节能建筑专注于解决全球化的石油危机与能源问题，鼓励运用太阳能、地热能、风能等可再生能源与节能技术，实现资源的有效利用，其焦点在于建筑建造及使用过程中能耗的降低。由联合国环境与发展大会首次明确提出的绿色建筑则更加关注建筑的环境属性，倡导基于全生命周期的节地、节能、节水、节材；由查尔斯·

凯博特（Charlse Kibert）提出的可持续建筑综合考虑到城市、建筑与材料的功能性、经济性、社会文化与生态因素，强调了可持续发展进程中建筑业的责任；1997 年颁布的《京都议定书》中对温室气体的排放进行了明确规定，为低碳建筑与零碳的实施奠定了基础，促进了全球建筑能耗和碳排放的尽可能降低；2024 年 3 月 12 日，国家发展和改革委、住房和城乡建设部在《加快推动建筑领域节能降碳工作方案》中提出："以碳达峰碳中和工作为引领，持续提高建筑领域能源利用效率、降低碳排放水平，加快提升建筑领域绿色低碳发展质量，不断满足人民群众对美好生活的需要"。

近年来，人们对建筑领域碳排放所占比重愈加重视，碳中和已成为当下全人类对可持续建筑、可持续设计所提出的新目标。在此背景下，建筑领域的设计实践面临着一系列新需求：如可持续建筑设计的理论创新需考虑"形式追随能量"，通过建筑形体设计、建筑材料与建造方式的低碳化选择降低能耗；行业相关顶层设计与规范需关注建筑全生命周期的碳排放测算与评估，通过采用可持续能源系统、充分利用可再生资源，提高能耗与碳排放总量控制。总之，为实现碳中和的总体目标，应大力推广应用可再生能源，来实现城市与建筑的低碳建设、管理与运营；通过实施全面的节能减排管理措施，加快推进各类建筑的碳排放减少，以在满足当地需求的同时，实现可持续发展。

15.1.3　可持续背景下的建筑信息建模技术要求

为满足我国可持续发展、高质量发展的内在要求，中共中央办公厅、国务院办公厅印发的《关于推动城乡建设绿色发展的意见》中，提出了城乡建设绿色发展的总体目标，明确了"到 2025 年，城乡建设绿色发展体制机制和政策体系基本建立，建设方式绿色转型成效显著，碳减排扎实推进，城市整体性、系统性、生长性增强，'城市病'问题缓解，城乡生态环境质量整体改善，城乡发展质量和资源环境承载能力明显提升，综合治理能力显著提高，绿色生活方式普遍推广"，以及"到 2035 年，城乡建设全面实现绿色发展，碳减排水平快速提升，城市和乡村品质全面提升，人居环境更加美好，城乡建设领域治理体系和治理能力基本实现现代化，美丽中国建设目标基本实现"的具体要求。面向国家提出的推动绿色发展，实现可持续发展战略目标，我国建筑业仍存在建筑性能评价周期长、主观因素占比大、推广信息技术缓慢、产业结构升级改造受到严重制约等问题，亟需通过计算机技术与建筑行业的融合形成创新设计模式。

建筑信息模型（BIM）技术的出现为解决建筑全生命周期内的碳中和与可持续分析问题提供了契机，学术界和工业界对其高度重视，着力发展包含规划、设计、施工、运营及后期维护的建筑信息模型，以提供一个创新和综合的工作平台以及一种更为高效和全面的解决方案。概括来说，建筑信息建模技术对于行业发展的作用主要包括两个层面，一是搭建设备与物联网的智慧互联环境，实现设备的自动交换信息、触发动作与实时控制；二是通过将建筑信息建模技术与云计算、大数据、人工智能和互联网相融合，实现建筑设计、建造和运维全过程的数据融合、存储、挖掘与分析，为实现从数据到信息、从信息到知识、从知识到决策奠定基础。

近年来，国家制定并发布了一系列相关标准、导则与政策（图 15-2），以逐步完善相关技术体系，推进建筑信息建模技术在建筑可持续领域的发展与应用。

图 15-2 住房和城乡建设部发布的相关技术标准、导则与政策文件

从技术体系规范化角度，由于碳排放贯穿于建筑全生命周期的多个阶段，在实际计算与评估中存在信息量大，数据复杂等问题，而碳中和建筑信息建模技术的最大优点就是其核心模型所包含的建筑信息的通用性，避免了数据的重复输入，加快分析速度。因此，如何将该技术与其他信息技术与管理手段相结合，以拓展其功能与应用潜力对于建筑行业信息化转型与可持续发展具有重要意义。住房和城乡建设部先后于 2017 年和 2020 年发布了《建筑信息模型应用统一标准》GB/T 51212—2016 和《城市信息模型（CIM）基础平台技术导则》。前者从模型结构与扩展、数据互用与模型应用等方面统一了建筑信息模型应用的基本要求，以推进工程建设信息化实施，提高信息应用效率和效益；而后者则通过总结广州、南京等城市试点经验，提出 CIM 基础平台建设在平台构成、功能、数据、运维等方面的技术要求，以指导各地开展 CIM 基础平台建设。该类国家标准与导则对于碳中和建筑信息模型的应用与拓展具有重要的推动作用，能够有效保障相关技术平台的标准性、安全性、实用性和联通性，并为将来的可持续发展提供良好的框架和拓展空间。

从技术发展信息化角度，由于建筑与城市之间存在密不可分的直接联系，即构建低碳建筑信息模型需要获取如自然气候条件、物资供应商的位置等相关环境信息；同时，城市对建筑的相关要求信息（如建筑能耗、容积率等）也需要通过信息模型来实现互联。因此，建筑信息建模技术与城市信息建模技术之间需要具有相互的关联性，以实现城市与建筑信息系统的互补性。住建部在 2022 年发布的《"十四五"建筑业发展规划》中，强调了"加速推进建筑信息模型（BIM）技术在工程全生命周期的集成应用，健全数据交互和安全标准，强化设计、生产、施工各环节数字化协同，推动工程建设全过程数字化成果交付和应用""2025 年基本形成 BIM 技术框架和标准体系"，以及"推进 BIM 与 CIM 平台融通联动，提高信息化监管能力"的主要任务。继而，在《城乡建设领域碳达峰实施方案》中明确了"利用建筑信息模型（BIM）技术和城市信息模型（CIM）平台等，推动数字建筑、数字孪生城市建设，加快城乡建设数字化转型"的保障措施，以构建绿色低碳转型发展模式。以此为基础，明确了未来以碳中和建筑信息建模为基础的技术体系的发展方向，以实现可持续目标下智慧城市与智慧建筑信息系统的联通性与互补性。

15.2.1　加快可持续发展进程

面对建筑业可持续转型的重大需求，碳中和信息模型提供了一个多学科、跨阶段的数据模型，为建筑全生命周期的可持续设计提供性能评估和成本控制方面的技术助力。具体来说，依托碳中和建筑信息建模在设计与信息可视化、性能模拟、专业协同与管理协调等方面的巨大优势，在可持续建筑全生命周期的不同阶段均起到重要推动作用。

（1）规划设计阶段　在该阶段设计者可以基于碳中和建筑信息建模进行三维可视化展示、建筑布局优化、建筑性能模拟分析，以及初步工程造价管理等方面的应用。具体来说，规划阶段设计者可以结合测绘与信息建模技术，实现对目标区域的可视化建模，并进一步根据所建地形模型进行开发选址。同时，通过导入该区域日照、气候、环境等相关信息，设计者可以调整建筑位置及朝向，以获得最佳的采光和节能效果。基于此，设计者可以利用建筑信息模型技术储存多维信息的模型特点，从整体角度对城市和乡村进行规划设计，使得城市环境、能源、服务等方面达到整体可持续性规划的水平。

（2）建筑设计阶段　该阶段碳中和建筑信息建模突破了传统计算机辅助设计中无法实时展开建筑方案可持续性能分析的瓶颈问题，可以在模型中全面整合建筑形式、材料、环境、机电管道系统等多维数据，通过展开多种性能的定量分析，将可持续评估纳入整个建筑设计阶段。同时，基于碳中和建筑信息模型所提供的信息共享平台，各专业设计者可以实时查看、更新相关设计要求与文件，及时展开冲突检查与碰撞检测，以减少设计方案的反复调整，大幅提高了设计效率。

（3）施工建造阶段　在该阶段施工方可以将碳中和建筑信息建模技术运用到施工项目投标、施工图深化设计、施工模拟、资源计划与成本控制、安全控制等过程中。可以通过建立施工现场模型模拟建筑项目的施工建造进程，以预见施工安装过程中可能存在的冲突，保证施工效率。特别是对于装配式建筑来说，可以在安装前利用建筑信息模型对预制构件进行碰撞检查与部件位置优化，以减少施工中的碰撞问题，缩短建造时间、节省建设成本，从而减少其对环境的破坏与影响。

（4）运维拆除阶段　该阶段设施管理团队主要将建筑信息模型应用于设备设施管理、安全及物业管理等方面。通过集成建筑运维阶段的物联网与传感器数据，结合云计算技术，建筑信息模型可以实时更新并反馈建筑运维阶段的相关数据，实现建筑运维的智能精准管理，减少资源浪费，同时还可以为碳中和的相关计算提供依据。在建筑全生命末期的拆除阶段，基于碳中和建筑信息模型的可视化数据可以辅助评估不同的建筑结构方案在经济成本和环境效益方面的影响，以实现安全、环保、经济的拆除作业。

综上所述，集成了多学科技术特征的碳中和建筑信息建模可有效赋能可持续建筑在全生命周期不同阶段的设计、计算与评估，助力城市和乡村人居环境品质提升，推进可持续目标下建筑行业的数字化转型。

15.2.2 促进建筑业转型升级

建筑设计全生命周期碳排放控制是碳中和目标达成最有效的方法，建筑的可持续发展也与其设计、建造与运维阶段息息相关。其中，建造阶段的材料生产关联众多制造业，建造过程的碳排放直接影响到建筑业的低碳转型，而建筑运维阶段基本与所有行业相关。因此，建筑碳中和不只局限于设计阶段的全生命周期计算，还需要各利益相关方从自身产业的发展需求展开精准、动态的信息联动。建筑的可持续发展不能仅停留在对于行业单一的严格政策约束下，同时还要把目光转向优化产业结构、创新设计模式中，碳中和建筑信息建模方法为我国建筑业的可持续发展指明了道路。

当前，在智能时代语境下，人工智能与大数据已成为建筑行业发展的未来，而建筑信息模型将构筑行业大数据并支撑其数字化。由此建筑信息建模技术的迅速发展带动了整个行业信息化发展，未来碳中和建筑信息模型技术将会贯穿于建筑全生命周期的各个阶段，通过技术创新与平台应用开发，进一步促进建筑行业的信息化发展与技术升级。

1）促进建筑行业跨阶段多专业多维度协同模式创新

碳中和建筑信息建模技术为建筑业实现工业化及设计模式创新所需的跨阶段多维系统交互协同提供了有效平台，成为推动新型可持续建筑工业化的有力推手。从建筑全过程不同价值主体的协作方式来说，不同于传统建筑设计过程中设计主体与施工、运营单位之间互相割裂的模式，基于碳中和建筑信息建模技术的建筑可持续创新模式需全面考虑全流程各价值主体的影响，以便于各关键主体掌握全局信息并做出高效决策。在建筑项目中，其应用价值主体包括勘察设计单位、投资方、施工方、建设单位、运营方、社会公众以及监理/咨询单位等，基于碳中和建筑信息建模方法的集成化设计，作为一种通过各方专业技术配合的高效多能设计体系，其贯穿于工程全生命周期的特性与建筑信息建模技术相契合，也顺应了可持续建筑的发展理念。其设计流程是在统一平台聚集整个项目工程中各个专业方向的技术人才，令数据交互、方案交流及问题探究都相应前置，使得工程中各阶段衔接紧密、决策准确及时，因此可以在极大程度上实现工期的缩短与资源的节约。

在建筑全生命周期过程中，碳中和建筑信息建模技术对于建筑可持续创新设计模式发展的推动作用主要体现在时间、数据等不同维度。首先，利用建筑信息建模技术可实现项目不同阶段信息数据的集成化管理，涵盖了规划设计、施工建造和运维管理全过程，突破传统二维图纸在信息集成与传输方面的不足与瓶颈，为可持续建筑全过程的碳中和计算与设计管理奠定基础。同时，该技术可以通过集成相关模拟软件实现能耗、通风、采光等性能分析与优化设计，预先确定能量计算，以赋能项目全流程过程中的协同优化，使相关单位可以轻松执行能量性能分析，大大减少建模、分析与决策时间，从而实现降低碳排放、节约能源的总体目标。

2）促进建筑全生命周期数字化与信息化技术升级

碳中和建筑信息建模技术是以数字信息库为支撑的，能够有效整合工程中庞大的各项信息数据。同时，碳中和建筑信息建模技术能够有效促进建筑图纸的升级转型，使其由二维图形信息向多维及数字化方向发展，以满足建筑各阶段的数据信息需求，解决了建筑全过程建设各阶段信息断裂的瓶颈问题。具体来说，利用信息建模技术可以集成建筑、环境、行为等多维数据，设计指标参数化与算法应用可以大幅提高碳中和计算与分析的效率和精度，助力高效、准确、实时反馈的计算工具开发，而信息技术也得以在宏观和微观方面得到充分拓展。例如，随着区块链等信息化技术的介入，可通过注册和结算平台建构检测与核定研究机构，以保证建筑行业的碳数据管理和碳交易市场的透明度和可信度，实现建筑碳交易的良性和有序发展。

3）推动建筑碳中和核算、评价与优化技术集成

碳中和建筑信息建模技术是研发"设计—建造—运维—拆除"全流程碳检测系统与碳追踪集成化技术平台的基石。为了实现建筑行业的双碳目标，未来建筑碳中和建筑信息建模领域需研发针对城乡、社区和建筑等不同层级的碳中和测算分析工具，结合低碳建设评价指标体系，构建碳中和评估分析综合模型，全面支持动态评估与运维管控。基于建筑信息建模，结合人工智能、优化控制等智能技术，建立城乡建设碳中和的智能管控及优化平台，实现城乡建设碳排放与碳吸收可测、可评与可管，提升城乡建设领域减碳控碳的智能化、高效化与科学化，推进城乡建设可持续发展。

15.3.1　建筑业可持续发展成效

建筑行业碳达峰、碳中和、绿色发展是一项多方参与的综合性、长期性工程。近年来，我国建筑节能与可持续发展工作取得了多方面成效：一是不断提高建筑节能标准，我国建筑能耗强度已达到先进国家水平；二是法规体系基本健全，形成一套新建建筑节能、既有建筑节能、建筑运行节能、可再生能源利用的法律制度；三是技术创新成效显著。其具体成效包括：

在环境效益方面，从"十一五"到"十四五"，国家科技重大专项均对建筑节能、绿色建筑等方面有所涉及，产出一大批科研成果，有力支撑了建筑可持续发展。《中国建筑能耗研究报告（2022）》显示，全国建筑全过程碳排放增速明显放缓，"十一五"至"十三五"期间年均增速分别为7.8%、6.8%和2.3%。《2023中国建筑与城市基础设施碳排放研究报告》显示，2021年全国房屋建筑全过程碳排放总量为40.7亿tCO_2，占全国能源相关碳排放的比重为38.2%。2021年建筑运行阶段碳排放增长趋势恢复到疫情前水平。全国建筑隐含碳排放在2016年达峰，后在2020年受疫情影响下降，2021年出现回升。《"十四五"建筑节能与绿色建筑发展规划》提出，到2025年，完成既有建筑节能改造面积3.5亿m^2以上，建设超低能耗、近零能耗建筑0.5亿m^2以上。以碳中和建筑信息建模技术为支撑的集成化方法与平台，可以精确测量和跟踪建筑建材生产阶段、施工阶段与运行阶段等的碳排放计算，从而有效地控制和减少建筑全生命周期对环境的污染和破坏，以减缓全球气候变化速度。《"十四五"城镇化与城市发展科技创新专项规划》在延续节能和绿色建筑理念的基础上，更加注重综合性能的提升，通过整合信息化、新能源和新材料技术，实现全链条技术产品创新和集成示范，进一步提升环境效益。

在经济效益方面，基于建筑信息模型的碳中和评估与测算可以为相关主体提供更为精确的碳排放数据与信息，帮助其制定更具针对性的减排措施和方案，从而降低运营成本、提高能源利用效率、减少资源浪费。同时，基于三维模型的多方监测功能，可以预警施工中可能出现的问题，根据建设标准和实际情况调整设计方案，减少返工率，优化设计施工流程，达到提升经济效益的目的。支持多方管理者同步协作管控，突破传统管理的信息孤岛情况，减少因冗余沟通和信息资料保存带来的时间和人工成本增加，提高项目的运维管理效率，实现项目施工阶段全过程的智能化集成、精细化管理及协同化控制。

综上，碳中和建筑信息建模可以为建筑业带来环境、经济等多方面效益，有助于推动行业的可持续发展，促进人类社会与自然生态系统的和谐共生。

15.3.2 建筑业数字化转型成效

在数智时代背景下，传统建筑业正面临诸多制约并进行深刻变革。近年来，国家不断出台政策大力鼓励和推广装配式建筑、建筑信息模型应用、智慧工地和建筑机器人等智能建造相关技术，其基础均为"建筑信息模型+"，通过"建筑信息模型+"相关技术赋能实现互联协同、辅助决策、智能生产和科学管理。因此，建筑信息建模技术是建筑行业贯穿全生命周期数字化转型的核心。随着一系列数字化转型支持政策的发布，碳中和建筑信息建模技术加速了落地应用，并取得显著成效：

（1）提高可持续建筑全过程效率与精度　在建筑设计阶段，设计者基于建筑能耗、自然采光、通风等性能模拟展开多目标优化设计，提高其可持续性；在建造阶段，施工方基于建筑信息模型技术实现建筑非标准构件的定制化，降低加工与施工成本，提高工程质量；在运维阶段，设施管理团队通过数字化管理与维护系统，实现对建筑物的实时监控与反馈调节，助力建筑节能减排。总之，碳中和建筑信息建模技术可全面赋能可持续建筑的设计、建造、运维全过程，利用数字技术集成、分析各阶段数据，以提高建筑项目的设计与建造精度，降低各阶段能耗与碳排放[57]。

（2）创新建筑资源共享与协同工作模式　基于碳中和建筑信息建模技术与集成平台，可以实现模型数据资源共享与建筑工程多参与方协同工作，加速信息传递与决策制定过程，从而创新数字时代下的建筑设计与管理新模式，全面提高工作精度与效率，促进行业可持续发展。

15.4.1　本章难点总结

1. 了解建筑信息建模技术对碳中和建筑的应用方式与推动作用：介绍如何使用建筑信息建模技术在建筑设计的各个阶段中实现碳中和目标，包括方案设计、施工图设计、施工过程和运营维护等。

2. 了解碳中和建筑信息建模技术推动可持续发展的具体成效：这部分内容需要详细解释碳中和建筑信息建模在推动建筑可持续发展和促进数字化转型方面的具体成效，包括减少碳排放、提高能源效率、优化资源配置等。

3. 了解建筑信息建模技术在碳中和方面的实际应用范围：虽然建筑信息建模技术已经被广泛应用，但在碳中和建筑信息建模方面，如何将其应用于实际项目中仍然存在一定的挑战。学生需要了解该技术应用的判断标准和依据，以及如何权衡建模过程中遇到的问题。

4. 了解碳排放管理和能源优化的复杂性与可持续性评估的综合性：实现碳排放管理和能源优化需要考虑众多因素，如气候变化、资源消耗、环境污染等，而可持续性评估涉及环境、社会和经济等多个方面，需要学生具备较为全面的知识和综合分析思考的能力。

15.4.2　思考题

1. 如何评估碳中和建筑信息建模在推动可持续发展方面的实际效果？
2. 如何基于建筑信息建模技术，优化建筑的能源使用和碳排放管理？

［1］ United Nations Framework Convention on Climate Change. Adoption of the Paris Agreement [EB/OL]. (2015−12−12) [2023−10−27]https：//unfccc.int/process-and-meetings/ the-paris-agreement

［2］ UNEP. 2022 Global Status Report for Buildings and Construction [EB/ OL]. (2022−11−9) [2023−10−27]https：//globalabc.org/our-work/tracking-progress-global-status-report

［3］ 中国建筑节能协会 . 2022 中国建筑能耗与碳排放研究报告 [EB/OL]. (2022−12−20) [2023−10−27]https：//carbon.landleaf-tech.com/wp-content/uploads/2022/12/2022

［4］ Messner J, Anumba C, Dubler C, et al. BIM project execution planning guide (V. 2.2) [M]. Philadelphia：Penn State University Press, 2019.

［5］ BIM 工程技术人员专业技能培训用书编委会 . BIM 技术概论 [M]. 北京：中国建筑工业出版社, 2016.

［6］ Engelbart D C. Augmenting human intellect：A conceptual framework [J]. Menlo Park, CA, 1962, 21.

［7］ 李建成 . BIM 应用导论 [M]. 上海：同济大学出版社, 2015.

［8］ Xue K, Hossain M U, Liu M, et al. BIM integrated LCA for promoting circular economy towards sustainable construction：An analytical review[J]. Sustainability, 2021, 13 (3)：1310.

［9］ Tushar Q, Bhuiyan M, Sandanayake M, et al. Optimizing the energy con-sumption in a residential building at different climate zones：Towards sustainable decision making[J]. Journal of cleaner production, 2019, 233：634-649.

［10］ Cang Y, Luo Z, Yang L, et al. A new method for calculating the embodied carbon emissions from buildings in schematic design：Taking "building element" as basic unit[J]. Building and Environment, 2020, 185：107306.

［11］ Piselli C, Romanelli J, Di Grazia M, et al. An integrated HBIM simu-lation approach for energy retrofit of historical buildings implemented in a case study of a medieval fortress in Italy[J]. Energies, 2020, 13 (10)：2601.

［12］ Chen P H, Nguyen T C. A BIM-WMS integrated decision support tool for supply chain management in construction[J]. Automation in Construction, 2019, 98：289-301.

［13］ Venkatraj V, Dixit M K, Yan W, et al. Evaluating the impact of operating energy reduction measures on embodied energy[J]. Energy and Buildings, 2020, 226：110340.

［14］ Xu J, Shi Y, Xie Y, et al. A BIM-Based construction and demolition waste information management system for greenhouse gas quantification and reduction[J]. Journal of Cleaner Production, 2019, 229：308-324.

［15］ Shi Y, Xu J. BIM-based information system for econo-enviro-friendly end-of-life disposal of construction and demolition waste[J]. Automation in construction, 2021, 125：103611.

［16］ Yu Qian Ang, Zachary Michael Berzolla, Christoph F. Reinhart. From Concept to Application：A Review of Use Cases in Urban Building Energy Modeling[J]. Applied

Energy, 2020, 279: 115738.

[17] Marco Scherz, Endrit Hoxha, Helmuth Kreiner, et al. A Hierarchical Reference-based Know-why Model for Design Support of Sustainable Building Envelopes[J]. Automation in Construction, 2022, 139: 104276.

[18] Zhang Xuan, Zhang Xueqing. An Automated Project Carbon Planning, Monitoring and Forecasting System Integrating Building Information Model and Earned Value Method[J]. Journal of Cleaner Production, 2023, 397: 136526.

[19] Cang Yujie, Luo Zhixing, Yang Liu, et al. A New Method for Calculating the Embodied Carbon Emissions from Buildings in Schematic Design: Taking "Building Element" as Basic Unit[J]. Building and Environment, 2020, 185: 107306.

[20] 朱光祖. 基于 Hybrid LCA 的建筑碳排放分析以及案例研究 [D]. 合肥: 合肥工业大学, 2022.

[21] F. Shadram, T.D. Johansson, W. Lu, et al. An Integrated BIM-based Framework for Minimizing Embodied Energy During Building Design[J]. Energy and Buildings, 2016, 128: 592-604.

[22] Pinsonnault Ariane, Lesage Pascal, Levasseur Annie, et al. Temporal Differentiation of Background Systems in LCA: Relevance of Adding Temporal Information in LCI Databases[J]. The International Journal of Life Cycle Assessment, 2014, 19 (11): 1843-1853.

[23] Su Shu, Zhang Huan, Zuo Jian, et al. Assessment Models and Dynamic Variables for Dynamic Life Cycle Assessment of Buildings: A Review[J]. Environmental Science and Pollution Research, 2021, 28 (21): 26199-26214.

[24] Pigne Y, Gutierrez TN, Gibon T, et al. A Tool to Operationalize Dynamic LCA, Including Time Differentiation on the Complete Background Database[J]. The International Journal of Life Cycle Assessment, 2020, 25 (2): 267-279.

[25] 吴刚, 欧晓星, 李德智. 建筑碳排放计算 [M]. 北京: 中国建筑工业出版社, 2022.

[26] 王上. 典型住宅建筑全生命周期碳排放计算模型及案例研究 [D]. 成都: 西南交通大学, 2014.

[27] E. Meex, A. Hollberg, E. Knapen, et al. Require-ments for Applying LCA-based Environmental Impact Assessment Tools in the Early Stages of Building Design[J]. Building and Environment, 2018, 133: 228-236.

[28] J.K.W. Wong, J. Zhou. Enhancing environmental sustainability over building life cycles through green BIM: a review[J]. Automation in Construction, 2015, 57: 156-165.

[29] W. Wu, R.R. Issa. BIM Execution Planning in Green Building Projects: LEED as a Use Case[J]. Journal of Management in Engineering, 2015, 31 (1): A4014007.

[30] 始祖科技. 中国制造业碳中和白皮书 [R]. 2022. https://shizu.com.cn/whiter paper

[31] Ian Hamilton, Alex Summerfield, Tadj Oreszczyn, et al. Using Epidemiological Methods in Energy and Buildings Research to Achieve Carbon Emission Targets[J]. Energy and Buildings, 2017, 154: 188-197.

[32] Energy Modelling Initiative. Energy modelling initiative – bringing the tools to support Canada's energy transition (2021) [EB/OL]. (2023-9-27) [2023-10-27] https://emi-ime.ca/

[33] 中华人民共和国住房和城乡建设部. 房屋建筑与装饰工程工程量计算规范: GB 50854—2013[S]. 北京: 中国计划出版社, 2013.

[34] 中华人民共和国住房和城乡建设部. 房屋建筑与装饰工程消耗量定额: TY 01-31-2015[S]. 北京: 中国计划出版社, 2015.

［35］EPD China. General Programme Instructions[R]. 2023.

［36］易碳数科.一篇文章告诉你什么是环境产品声明 [EB/OL]. 2023.https：//zhuanlan.zhihu.com/p/621415939

［37］史博臻.上海启动建筑碳排放新平台 [N].文汇报，2023-06-13.

［38］上海市住房城乡建设管理委.上海市建筑碳排放智慧监管平台启动 [N/OL].上海市人民政府，2023-06-13. https：//www.shanghai. gov.cn/nw31406/ 20230613/f78d5eaea5c042bf9ac49eb62b793c11.html

［39］王玲玉，葛峰，吴德勇，等. BIM 助力北京大兴国际机场凤凰展翅 [J].土木建筑工程信息技术，2020，12（4）：92-98.

［40］彭相澍，马致明，王平，等.探析 SketchUp 与 Twinmotion 在建筑设计规划中的应用 [J].城市建筑，2022，19（23）：166-169.

［41］於海美，张玘，冯景怡，等.浅谈 Revit 模型导入 Lumion 的应用 [J].智能建筑与智慧城市，2021（12）：73-74.

［42］中华人民共和国住房和城乡建设部. GB/ T 51366—2019：建筑碳排放计算标准 [S].北京：中国建筑工业出版社，2019

［43］卢勇东，杜思宏，庄典，等.数字和智慧时代 BIM 与 GIS 集成的研究进展：方法、应用、挑战 [J].建筑科学，2021，37（4）：126134.

［44］孙澄，韩昀松，庄典.“性能驱动”思维下的动态建筑信息建模技术研究 [J].建筑学报，2017（8）：68-71.

［45］何关培.BIM 和 BIM 相关软件 [J].土木建筑工程信息技术，2010（4）：110-117.

［46］刘吉臣，高莹，侯赛宇.基于建筑信息建模技术的城市综合体设计实践研究 [J].工业建筑，2019，49（2）：184-188.

［47］赵秋雨，陈石，陈良.BIM 技术在建筑全生命周期管理领域的应用 [J].中外建筑，2020（12）：170-172.

［48］吴大江.建筑信息建模在亦庄云计算中心全生命周期中的应用 [J].工业建筑，2019，49（10）：213-218.

［49］Liu Z, Li P, Wang F, et al. Building Information Modeling（BIM）Driven Carbon Emission Reduction Research：A 14-Year Bibliometric Analysis[J]. International Journal of Environmental Research and Public Health，2022，19（19）：12820.

［50］姚习红，陈浩，加松，等.三维激光扫描建筑信息建模技术在超高层钢结构变形监测中的应用 [J].工业建筑，2019，49（2）：189-193.

［51］虞庆军.绿色建筑全生命周期中的 BIM 技术应用策略 [J].建筑节能，2021，48（24）：197-198.

［52］郑祖晓.宝钢数据中心机房项目进度计划和控制研究 [D].沈阳：东北大学，2013.

［53］师卫锋.土木工程施工与项目管理分析 [M].天津：天津出版传媒集团：天津科学技术出版社，2018.

［54］孙钰钦.BIM 技术在我国建筑工业化中的研究与应用 [D].成都：西南交通大学，2016.

［55］何盛明，刘西乾，沈云副.财经大辞典 上卷 [M].北京：中国财政经济出版社，1990.

［56］王灿.碳中和愿景下的低碳转型之路 [J].中国环境管理，2021（1）：13-15.

［57］肖宗翰，邹文艺.BIM 在可持续建筑中的应用及可持续分析方法 [J].城市建筑，2022（S1）：139-141.

［58］李庆臻，张道民，张宝文，等.科学技术方法大辞典 [M].北京：科学出版社，1999.

［59］何东平，王兴国，刘玉兰.油脂工厂设计手册（下册）[M].武汉：湖北科学技术出版社，2012.

［60］Lu Y, Wu Z, Chang R, et al. Building Information Modeling（BIM）for Green Buildings：A Critical Review and Future Directions[J]. Autom. Constr，2017，83：134-148.

［61］叶浩文 . 加速推进新型建筑工业化的主要措施 [J]. 建筑，2016（11）：11-12.

［62］殷艺箖 . 项目施工阶段 BIM+ 智慧工地系统的研究与应用—以某超高层房建项目为例 [J]. 中国建筑金属结构，2023（3）：160-162.

［63］熊英明 .BIM 技术在装配式建筑的设计和应用——以柳州市某住宅小区为例 [J]. 中华建设，2023（11）：105-107.

［64］Gao Yuning，Li Meng，Xue Jinjun，et al. Evaluation of effectiveness of China's carbon emissions trading scheme in carbon mitigation[J]. Energy Economics，2020，90：104872.